그림으로 해설한

식물조직배양 입문

理學博士 清 水 碩
理學博士 芦 原 坦 지음
理學博士 作田正明

이 영 복 감역
박 해 준 번역

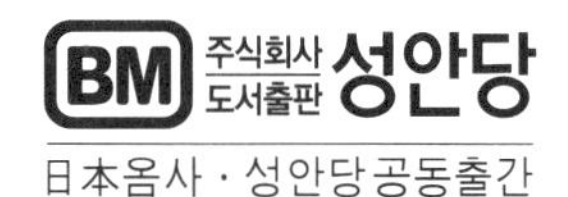

도해
식물조직배양입문

Original Japanese edition
Etoki Shokubutsu Soshiki Baiyou Nyuumon
by Seki Shimizu, Hiroshi Ashihara and Masaaki Sakuta

머리말

본 서의 저자인 芦原, 作田, 清水은 같은 대학의 같은 연구실에서 연구에 종사하고 있으며, 각각 연구 재료 또는 연구 수단으로 배양식물세포를 사용하고 있다. 서론과 제1장은 清水, 제2장은 芦原, 제3장은 作田이 분담하여 집필했고, 清水에 의해 전체적으로 정리되었다. 제각각 원고를 쓰기 시작할 즈음에 作田이 연구를 위해 미국으로 가는 바람에 완성이 1년 정도 늦어져 옴(オーム)사에 폐를 끼치고 말았다.

우리 세 사람은 식물조직배양의 연구에 무던히 힘써 왔으나, 그 연구 방법에는 세대에 따라 차이가 보였다. 清水는 연구자로서의 경력을 쌓던 도중에 이 새로운 연구 재료와 만났고 芦原는 연구자로서의 출발 시점에서 만나게 되었으며, 作田은 학생으로서 기초부터 배웠다는 차이가 있다. 나 清水는 원래의 식물과 유도된 배양조직・세포와의 비교나 차이점에 연연해 왔으나 芦原와 作田 두 사람에게서 그러한 소심함은 보이지 않는 듯 했다. 세 사람의 이러한 차이를 고려하여 집필을 분담했으나 그 방법이 과연 효과가 있을지는 의문이다.

식물조직배양이나 식물 바이오테크놀로지 관련 서적은 많이 출판되어 있는데다가, 또 우리 책이 보태어지는 것에 대해 약간 망설이기도 했지만 특색 있는 책도 필요하리라 생각되었다. 그 특색이 충분히 반영되었는지 독자 여러분의 생각을 묻고 싶다.

본 서에 소중한 그림과 표의 인용을 허락해 주신 저자 여러분께 이 지면을 통해 감사의 말씀을 드린다. 또 책을 완성하기까지 우리들과 같이해 주신 옴(オーム)사 출판부 여러분께도 감사를 드리는 바이다.

저자를 대표해서 **清 水　碩**

역자 서문

지금 우리 나라는 생명공학의 열풍 속에 바이오벤처 회사들이 속속히 생겨나고 있으며 그 어느 때보다도 생명공학에 대한 관심이 고조되고 있다. 지금까지 식물이라 하면 먼저 떠올리게 되는 것이 식량, 꽃과 같은 관상용 식물, 일부 공업용 원료 정도로 생각하는 경우가 많았다. 그러나 20세기에 들어서면서 과학적 기술이 비약적으로 발전함에 따라 식물에 대한 용도는 무한한 가능성을 가지게 되었으며 실제적으로 농업이라는 수천 년 동안 내려오던 전통도 단순한 식량 생산뿐만 아니라 고부가가치 유용산물의 생산이라는 새로운 의미를 지니게 되었다. 이 새로운 패러다임에 가장 근간을 이루는 핵심기술이 식물조직배양이라고 할 수 있다.

지금까지의 식물조직배양 관련 서적들은 전공자 위주로 되어 있고 전문적 지식 위주로 되어 있어 비전문가들이 접근하기는 다소 까다로웠다. 역자는 바이오벤처 회사를 직접 하게 되면서 많은 분들로부터 식물조직배양에 관한 설명이나 서적들을 권해달라는 의뢰를 받았을 뿐만 아니라 많은 학생들과 농민들이 관심을 가지고 있다는 데 대하여 무척 놀랐다. 이러한 과정에서, 이 분야에 관심을 가지고 있는 일반인들이 쉽게 이해할 수 있는 입문서를 구하던 차에 일본 옴사의 「絵とき 植物組織培養入門」이라는 책을 접하게 되었다.

본 서는 만화삽화와 도식들이 짜임새 있게 들어 있고 무엇보다도 식물조직배양의 역사에서부터 현 첨단기술의 소개, 미래에 대한 제시 등 전반적인 흐름을 잘 이야기해 주고 있어, 누구라도 쉽게 식물조직배양에 대해 이해할 수 있도록 꾸며져 있다. 이러한 본서를 두고 역자는 망설이던 차에 짧은 경륜으로나마 감히 번역하기로 마음을 먹게 되었다. 역서에는 경험이 없어 다소 마음이 무거웠다. 미력하나마 학생, 농민 그리고 생명공학에 관심이 많으신 분들께 도움이 되었으면 한다.

마지막으로 번역을 허락해주신 시미즈 선생님과 옴(オーム)사 그리고 성안당 관계자 여러분들께 감사의 말씀을 올리며 원고 정리에 여러 가지 도움을 주신 이인국 선생님과 전미경씨께도 감사드린다.

2001년 3월

역자 **박 해 준**

차 례

서 론

제1장 식물조직배양법의 탄생과 발전

제2장 식물조직배양의 기초

제3장 식물조직배양의 전개

서 론

인류와 식물

식물은 광합성 능력을 비롯, 뛰어난 합성능력에 의해 지구상에 있는 모든 생물의 생존을 지탱해가고 있다. 즉, 인간은 섭취하는 칼로리의 90%, 단백질의 80%를 직접 식물에서 얻고 있으며, 나머지 단백질은 동물로부터 얻고 있지만 그 동물도 기본적으로는 식물을 먹는다.

인류는 3000종의 식물을 식용하고 있으나, 주된 것은 약 20종, 그 중에서도 8종류의 곡류로부터 50%의 칼로리와 단백질을 의존하고 있다. 무기질과 비타민은 30종류의 과실과 채소로부터 공급받고 있다.

지구상의 인구는 계속해서 증가되고 있고 현실적으로 굶주림과 결핍이 확대될 것이라고 보고 있는 지금, 농업기술의 진보와 재배 식물의 개량이 필요하다는 것은 명백하다.

농업기술과 재배 식물의 발전 자취를 짚어보면 비교적 짧은 세월 동안 변해 왔다는 것을 알 수 있다. 수렵과 채집 생활에서 식물을 재배하고 동물을 사육하는 생활로 이행한 시기를 정확히 정할 수는 없지만 재배 식물은 계속 크게 변해 왔으며, 오늘날에 와서 조상인 야생류와 닮은 것을 찾는다는 것은 힘들게 되었다.

이러한 변화는 의식 혹은 무의식 속에서 유익한 특성을 지니는 작물을 선발, 육성하는 것에 따라 이루어져 왔다. 그 결과, 현재의 보리는 종자를 사방으로 뿌리지 않게 되었고, 콩류는 콩깍지가 갈라지지 않게 되었으며, 종자의 살포는 사람의 손에 의존하게 되었다.

이와 같이 현재 재배되고 있는 작물의 종자는 거의가 휴면이 짧은 상태로 되어 있으며 이것은 자연 환경보다도 재배하는 인간의 사정에 맞춰서 반복 재배된 결과이다. 이러한 실적이 쌓임으로써 재배 식물과 인간과의 상호 의존 관계가 형성되기 시작했다.

표 1 주요 식용 작물

곡 류	야채·과실
밀	바나나
벼	요리용 바나나
옥수수	배
호밀	코코넛
오토밀	올리브
보리	아보카도
피	망고
기장	오리나무
콩 류	조선엉겅퀴
완두콩	브로콜리
강낭콩	콜리플라워
대두	토마토
잠두	후추나무
매부리콩	오크라
숙주콩	가지
누에콩	오이
땅콩	호박
리마콩	**뿌리·줄기**
광저기	감자
당작물	얌
사탕무	고구마
사탕수수	카사바
	당근
	사탕무

농업기술의 발전은 농업 노동을 경감시키고, 농촌에 뒷받침된 촌락이나 도시의 형성을 가능하게 하였으며, 나아가서는 근대 문명을 탄생시켰다.

농경의 탄생 이후 19세기에 이르기까지 재배 품종의 개량은 모두 농민들 스스로에 의해 직접 이루어져 왔다. 이에 힘입어 100년간은 멘델과 다윈에 의해 확립된 유전법칙과 종의 변화를 지배하는 법칙에 의해 새로운 작물의 성질을 예측하였고, 예측대로 생산성이 높은 품종을 만들어 내는 육종 기술이 발전하게 되었다.

식물의 육종 기술의 성공 속에서도 특히 두드러진 예로서 1950~1960년의 「녹색혁명」에 의해 많은 수확을 올린 보리를 들 수 있다. 뛰어난 신품종간의 교배, 잡종 제1대의 선발, 기대하던 친족 식물간의 교배(역교배)가 반복적으로 이루어졌다. 그리고 유전자형과 표현형이 균질적인 것으로 되었을 때, 새로이 고정된 계통으로서 채용되었다. 새로운 품종의 기대하던 형질이 된 것에는 반왜성이 있었다.

식물 개체 전체에 대해서 종자가 차지하는 비율이 커지는 것은 비료량에 대한 종자의 전환율이 좋아지는 것을 기대할 수 있기 때문이고, 또 표현형으로서의 왜성은 이른 시기에 눈으로 쉽게 판정할 수 있다는 이점이 있다. 그리고 단간(短稈)인 것은 고농도의 비료에도 강하고 바람에 쓰러지지 않으며 질병에 강하다는 것으로 이어져, 우량한 품종이 단기간에 나오게 되었다.

좋은 수확률을 얻을 수 있는 품종은 농가에 의해 대규모로 재배되었다. 이것은 어느 하나의 품종이 그 지역 일대의 표준 작물로 되어버렸고, 그 결과 광범위하게 발병하는 위험성이 나타났다. 그리고 재래의 품종이 감소되고 작물 품종의 **변이폭**이 좁아지며 장래의 품종 개량을 위한 유전 자원을 잃게 되었다. 이 예는 옥수수나 토마토 등에서 볼 수 있다.

식물과 새로운 관계-바이오테크놀로지

최근 20년 정도 사이에 식물 과학에 관한 연구가 진보됨으로써, 거기서 얻어진 지식은 새로운 학문 분야를 여는 데에 크게 공헌하게 되었는데, 그 중에 하나가 **식물조직배양법**이다. 그리고 이 기술이 식물을 재료로 하는 각각의 바이오테크놀로지를 가능하게 했다는 것도 의문의 여지가 없다. 지금까지의 바이오테크놀로지는 생물적인 소재에 공학적인 기술을 첨가하는 프로세스, 예를 들면 발효와 그 과정의 제어, 또 생산된 것이 시장에 도착할 때까지의 건조, 농축과 같은 생리적인 가공공정이다.

그러나 최근 들어, 넓은 의미로의 바이오테크놀로지에는 식물, 동물, 미생물의 조직이나 **세포**라고 하는 생물계를 변화시킴으로써 개량해 가는 과학적 방법과 응용이 포함된다. 동・식물 개체와 비교해 볼 때 그 배양세포는 테크놀로지의 대상으로서 취급이 용이하고, 바이오테크놀로지의 응용 범위를 확대시켰다.

표 2 바이오테크놀로지의 영향을 받은 산업 부문(Mantell 외, 1987[1] 변경)

부 문	제품과 산업부문
식 품	우유제품, 어류, 축산제품, 신개발식품, 전분, 설탕 시럽, 식품첨가물, 착색료, 향료, 안정화제, 효모, 비타민, 아미노산
농 업	사료, 살충제, 살균제, 항바이러스제, 질소 고정균 공생, 근균 공생 영양체 번식, 배생산, 백신
화 학	유기산류, 알코올류, 케톤류, 효소류, 폴리머류, 향료 제조, 금속 추출, 생물적 변환
제 약 업	항균 물질, 진단약제, 효소저해제, 백신, 스테로이드
발 효 업	양조, 맥주, 와인, 술, 식품, 빵, 치즈, 미생물 단백질, 화학약품, 연료용 알코올, 효소, 항생물질, 의약품, 비타민, 백신
에 너 지	바이오매스, 에탄올, 메탄
서비스공업	폐기물 처리, 수질 정화, 배수 처리, 유화 재생

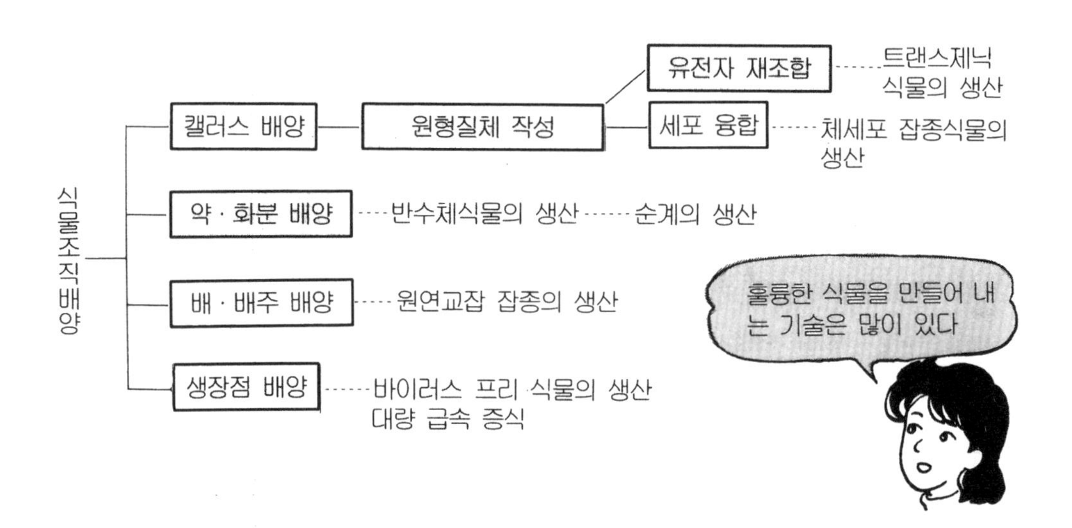

그림 1 식물조직배양에 기초한 육종의 전개

식물조직배양이란 살아 있는 조직편을 식물체에서 잘라내, 무균조건으로 배지에서 무한으로 생육시키는 프로세스를 가리키고 있다. 동물조직의 무균적인 배양에 대해서는 금세기 초에 성공했지만 식물에 대한 조직배양은 그것보다 조금 늦게 발전되었다. 이것은 식물학 전체의 발전과 깊은 연관이 있으며, 옥신과 시토키닌과 같은 **식물 호르몬**이 발견됨으로써 그것들이 식물세포의 생장과 분열에 관여하고 있다는 것을 명백하게 밝힐 필요가 있었다.

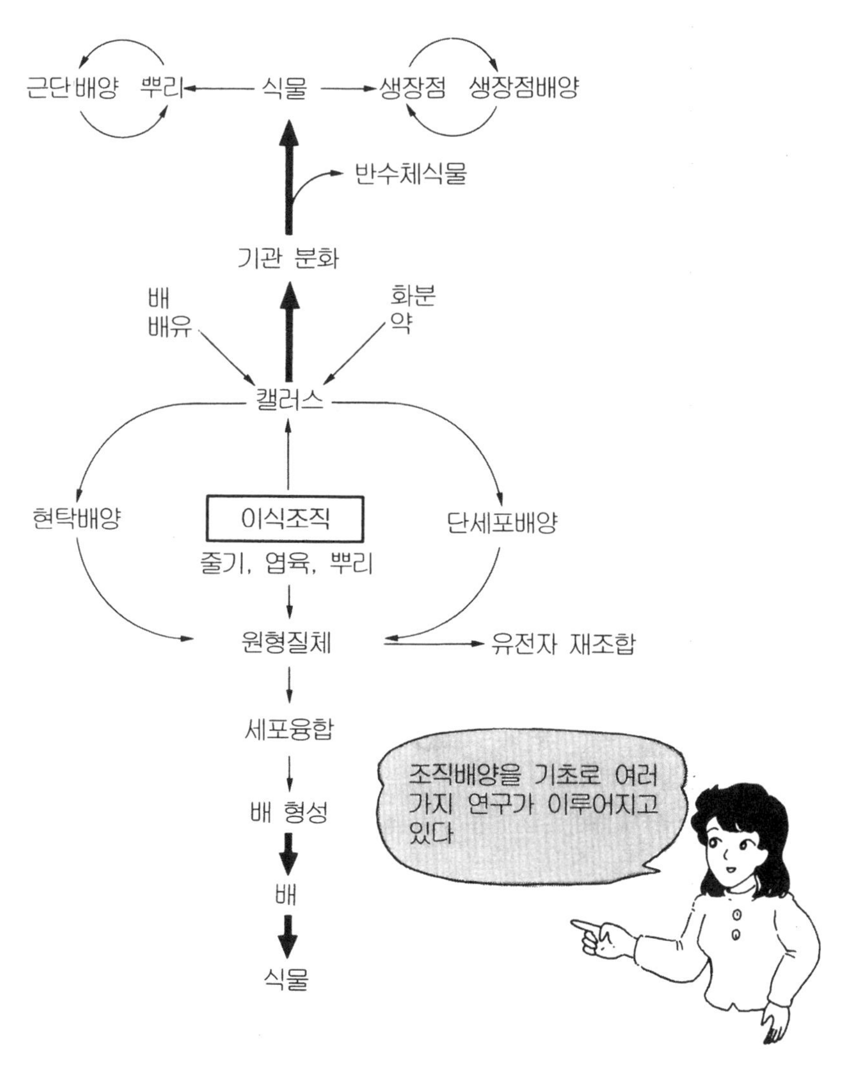

그림 2 식물조직에 의해 가능해진 관련 기술

배양조건을 연구하면 조직편에서 캘러스라고 불리는 탈분화된 부정형의 세포 덩어리를 만들어 거기서부터 한 개체의 식물체를 재생할 수 있다. 이 개체를 재분화시키는 기술은 농업·원예상으로도 의의가 있다.

감자의 괴경(덩이줄기), 백합같이 인경(鱗莖), 삽지(揷枝) 등 영양번식을 하는 것이 있다. 배양세포로부터 식물체를 대량으로, 또는 급속히 재생하는 것도 영양번식법의 하나이며, 많은 식물에서 실용화되고 있다. 또 생장점을 배양하고 바이러스에 오염되어 있지 않은 **우량 어린 묘종**을 생산하는 방법도 이미 일반적인 기술이 되었다. 더욱이 식물세포를 대량으로 배양하고 유용물질을 공장규모로 생산하는 연구도 계속 이루어지고 있다.

한편, 식물세포에서 세포벽을 제거한 원형질체의 분리와 배양이 가능하게 되자, 타 분야의 첨단기술 중 하나인 **세포융합**이나 **유전자 재조합**(再組合)이 식물세포에도 응용 가능하게 되어 종래의 교잡법으로는 얻을 수 없는 종이나 속이 다른 식물들간의 **잡종식물**이 만들어지게 되었다.

이러한 식물세포의 배양기술을 기본으로 하는 기초·응용 연구가 아주 활발히 이루어지고 있으며, 가까운 장래에는 눈부신 성과를 올릴 것임에 틀림없다.

본 서는 한정된 지면 내에서 식물조직배양법의 기초와 응용의 전 부분이 거론될 수 있도록 노력하였다(**그림 2**).

식물조직배양법의 탄생과 발전

1.1 식물조직배양의 역사

식물의 영양

고등식물이 필요로 하는 영양에 대한 관심은 아주 옛날부터 인간이 품고 온 것이고 농경의 역사와 함께 시작됐다고 말할 수 있다. 그리고 영양에 관한 과학적 지식과 견해는 16세기에 들어와 헬몬트(Helmont, J. B. van. ; 1577~1644)에 의해 구체화되기 시작했다.

그 후, 잉겐호우스(Ingenhousz, J. ; 1730~1799), 소쉬르(Saussure, N. T. ; 1767~1845) 등에 의해 식물의 광합성 현상이 밝혀졌으며, 이로부터 리비히(Leibig, J. von. ; 1803~1873)의 무기영양설, 작스(Sachs, J.von. ; 1832~1897)와 Knop의 수경법 확립으로 발전해갔다.

특히, Sachs와 Knop의 업적은 녹색 식물의 생장에 필요한 10종의 원소를 밝히고, 이들의 원소를 조합하여 식물의 생장에 매우 효과적인 **배양액**을 고안했다는 것이다. 그러나 당시의 분석 기술로는 미량원소의 필요성을 명백히 할 수는 없었다. 지금은 Knop의 배지를 기본으로, 이것에 미량원소를 더한 것이 이용되고 있지만 실제의 수경재배에서는 순도가 높지 않은 시약을 사용할 경우 균이 미량원소를 첨가하지 않아도 되며, Sachs나 Knop의 배지로도 충분하다(표 1.1).

세포의 무한 생장과 분화 전능성

슈반(Schwann, T. ; 1810~1882)과 슐라이덴(Schleiden, M. J. ; 1804~11881)의 **세포설**(1838)은 세포를 생물체의 기본으로 해서 확인한 것이고, 세포 1개가 생물 1개체의 능력, 즉 **분화 전능성**을 암암리에 인정하고 있다.

식물에 대해서는 종자나 포자 등의 관찰에 의해 세포에 개체 재생능력이 있다고 명확히 말할 수 있다.

표 1.1 Sachs와 Knop의 수경재배용 배지

Sachs (1860)		Knop (1865)	
KNO_3	1000 mg/l	$Ca(NO_3)_2 \cdot 4H_2O$	1000 mg/l
$Ca_3(PO_4)_2$	250	KNO_3 또는 KCl	250
$MgSO_4 \cdot 7H_2O$	250	KH_2PO_4	250
$CaSO_4 \cdot 2H_2O$	500	$MgSO_4 \cdot 7H_2O$	250
$NaCl$	250	$FeCl_3$ 또는 $FeSO_4$	약간
$FeSO_4$	약간		

1902년에 식물 생리학자인 하버란트(Haberlandt, G. ; 1854~1945)는 보라색 닭장풀의 잎이나 수술의 세포를 배양하고, 증식시켜 이로부터 기관을 만드는 것을 시도했으나 몇 번의 분열에서 그쳤고, 같은 시기에(1902, 1908) 게벨도 같은 것을 생각했지만 당시의 학문 수준으로 인하여 이와 같은 시도는 성공하지 못했다. 담배의 단위세포에서 식물체를 재생하는 것은 약 50년 후의 것으로, Haberlandt 등은 너무도 앞질렀던 선구자라고 말할 수 있다.

캘러스 형성

앞에서 나온 Haberlandt(1921)는 카브칸란의 줄기를 절단할 경우 그 절단부의 세포는 분열을 시작해서 **세포 덩어리**가 생기는 것을 관찰했다.

그 세포 덩어리는 **캘러스**라고 이름 붙였으며, 상처를 받은 세포에서 발생하는 상해호르몬(트라우마틴)의 분비에 의한 것이라고 생각했다. 이 상해호르몬은 나중에 식물 생장호르몬의 하나인 인돌초산(IAA)인 것으로 밝혀졌다.

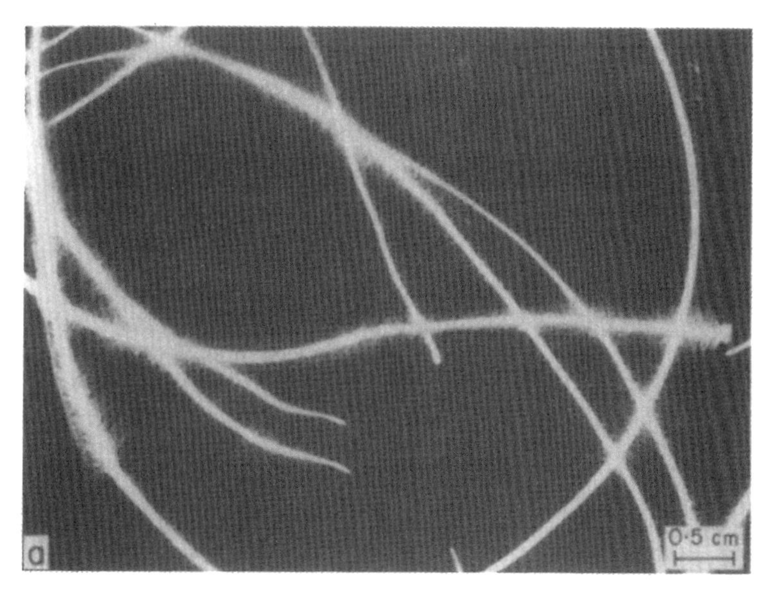

(a) 토마토의 근단배양

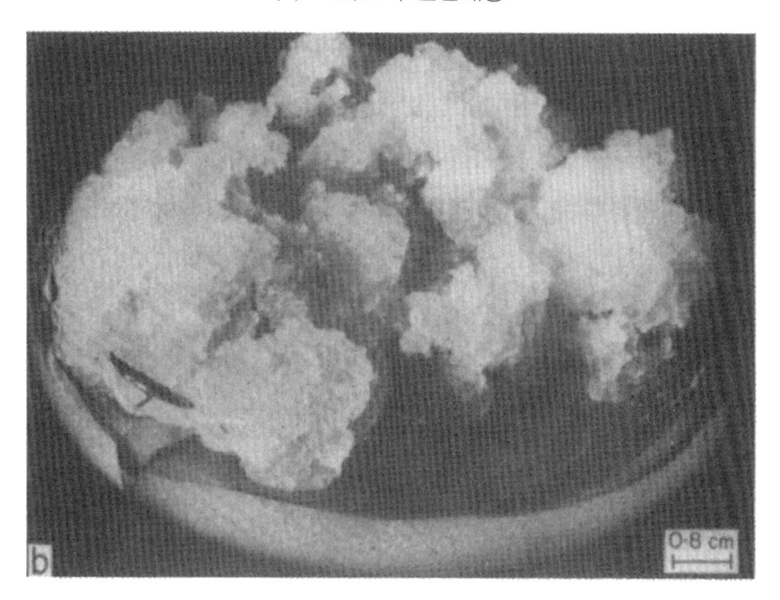

(b) 담배의 캘러스배양

그림 1.1

(Mantell 외, 1985[1])

그러나 Haberlandt의 세포 덩어리는 증식을 계속하지 않았다. 증식이 가능하기 위해서는 식물 호르몬의 사용이 필요했다.

1933~1935년에 걸쳐서 미국의 White(1901~1968)는 특별히 연구한 배지에서 경정(莖頂)이나 뿌리 끝 등의 절단부분을 생장시킴으로써, 생장한 것에서 다시 절단부분을 잘라내어 새로운 배지에 이식하는 것으로 무한히 성장을 이어갔다. 프랑스의 Gautheret은 수목의 형성층을 잘라내서 개량한 Knop 배지에서 배양하여 미분화 세포의 덩어리를 얻었지만 무한히 증식시키는 단계에까지는 도달하지 못했다. 여기에서 좀더 비약하기 위해서는 식물 호르몬의 발견이 필요하다(그림 1.1).

식물 호르몬의 발견 – 배양법의 확립

1937년이 되면서, Nobecourt와 Gautheret가 배지에 인돌초산(IAA)을 첨가하여 당근의 유세포를 배양한 결과, 새롭게 세포가 증식되고 자라나게 되는 것을 알았다. 이 세포군을 이식하면 반복해서 안정된 생장을 나타냈다. 같은 무렵, White는 담배 잡종의 중심 조직에서, 미분화인 채로 생장하는 세포군을 얻었다. 이 세포는 식물 호르몬을 스스로 생산할 수 있기 때문에, 식물 호르몬을 첨가하지 않은 배지에서도 배양할 수 있었다. 이렇게 조직을 분화하지 않고 미분화인 채로 세포가 생장・증식을 계속하는 것을 조직배양이라고 부르는데, 최근에는 **캘러스배양**이라 부른다(그림 1.2, 1.3).

1948년에 Skoog는 핵산에서 유도된 아데닌 화합물에 캘러스 세포를 증식시키는 능력이 있는 것을 발견했으며, 1950년에는 아데닌 화합물인 키네틴과 옥신을 조합하여 배지에 처리함으로써 뿌리・신초 등 기관의 분화를 유도할 수 있다는 것이 발견되었고(그림 1.4), 1957년에는 이 두 가지의 호르몬 작용이 확립됐다. 또 하나의 중요한 진보가 있었는데, 그것은 토레케가 은행나무의 화분을 배양하고 반수체의 캘러스를 얻은 것으로, 이는 1953년의 일이다. 반수체식물을 생장시켜 1964년에 콜히친 처리에 의해 임성(稔性)이 있는 2배체를 얻었다.

배양중 조직편이 분열하는 것은 그 조직세포의 내외에 있는 물질의 상호작용에 의한 것이다.

어떤 식물의 조직에서는 무기염과 당만이 있는 배지에서 캘러스를 만들 수 있지만, 대부분의 경우 배지에 여러 가지 생장촉진물질을 단독으로, 또는 조합해서 첨가할 필요가 있다.

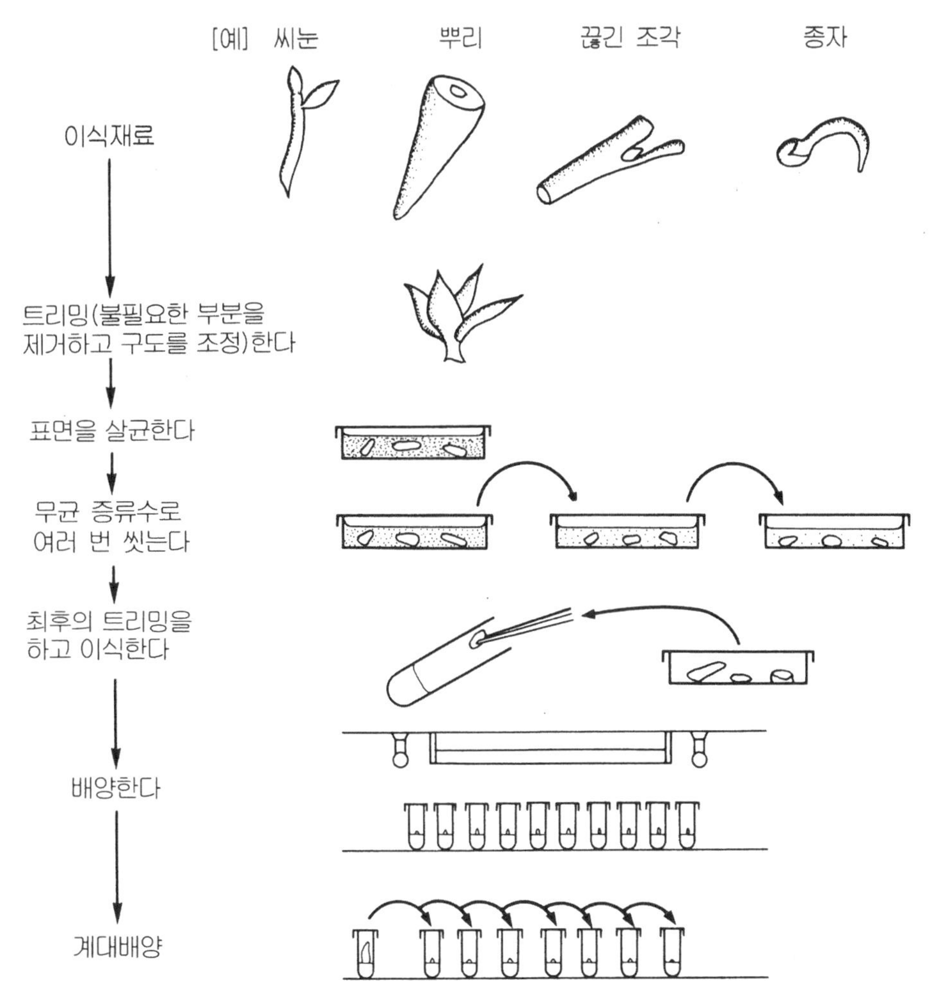

적당한 이식재료, 즉 씨눈, 저장조직, 줄기의 일부분 혹은 발아종자를 절개해 계면활성제 용액 안에서 그 표면을 살균한다. 무균 증류수로 씻은 후 이식 조각을 한천 또는 액체의 적당한 배지에 옮긴다. 계대배양은 이식 덩어리가 분열해서 큰 덩어리로 되면 되풀이한다.

그림 1.2 식물의 조직배양의 확립과 유지 (Mantell 외, 1985[1])

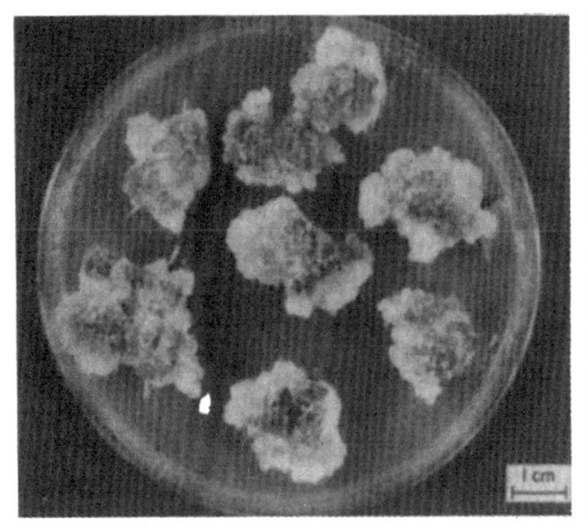

(a) 담배의 캘러스배양

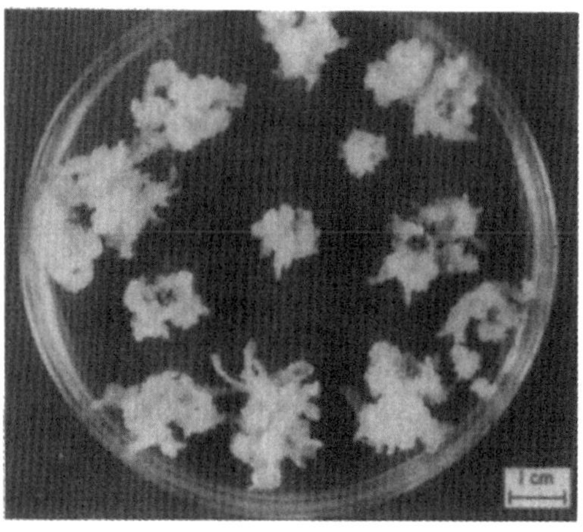

(b) 옥신에 대한 시토키닌의 비율이 높은 배지에 이식해서 기관 형성이 유도되는 것

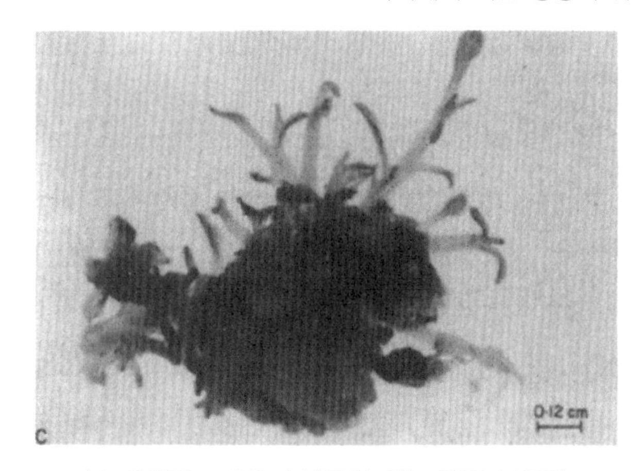

(c) 확대한 묘(苗)의 발달이 있는 것이 보인다

그림 1.3
(Mantell 외, 1985[1])

(1) 옥신만을 필요로 하는 것 : 돼지감자, 세인트폴리어 ; 인돌초산(IAA), 나프탈렌초산(NAA), 2, 4-디클로로페녹시초산(2, 4-D)을 첨가한다.

(2) 시토키닌만을 필요로 하는 것 : 순무, 글라디올러스, 딸기; 키네틴, 벤질아미노푸린(BAP), 이소펜테닐아미노푸린(ip)을 첨가한다.

(3) 옥신과 시토키닌 모두를 필요로 하는 것 : 담배, 당근 등 이 두 형태의 것이 많다.

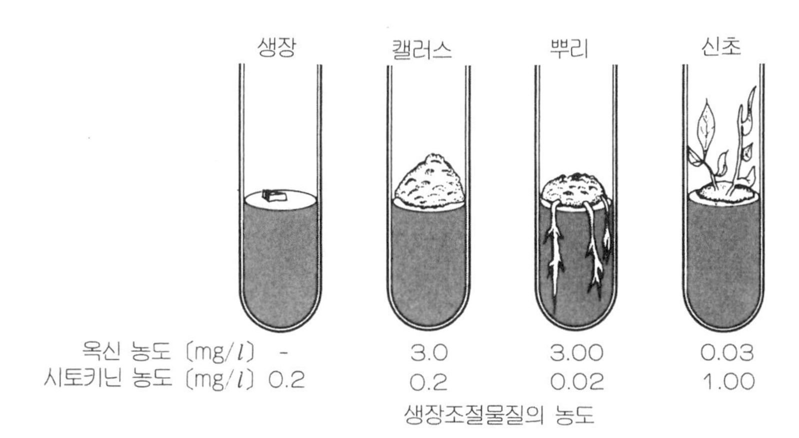

그림 1.4 생장조절물질인 옥신(IAA)과 시토키닌(키네틴)이 담배 중심의 이식편 증식과 형태 형성에 미치는 작용(Mantell 외, 1985[1])

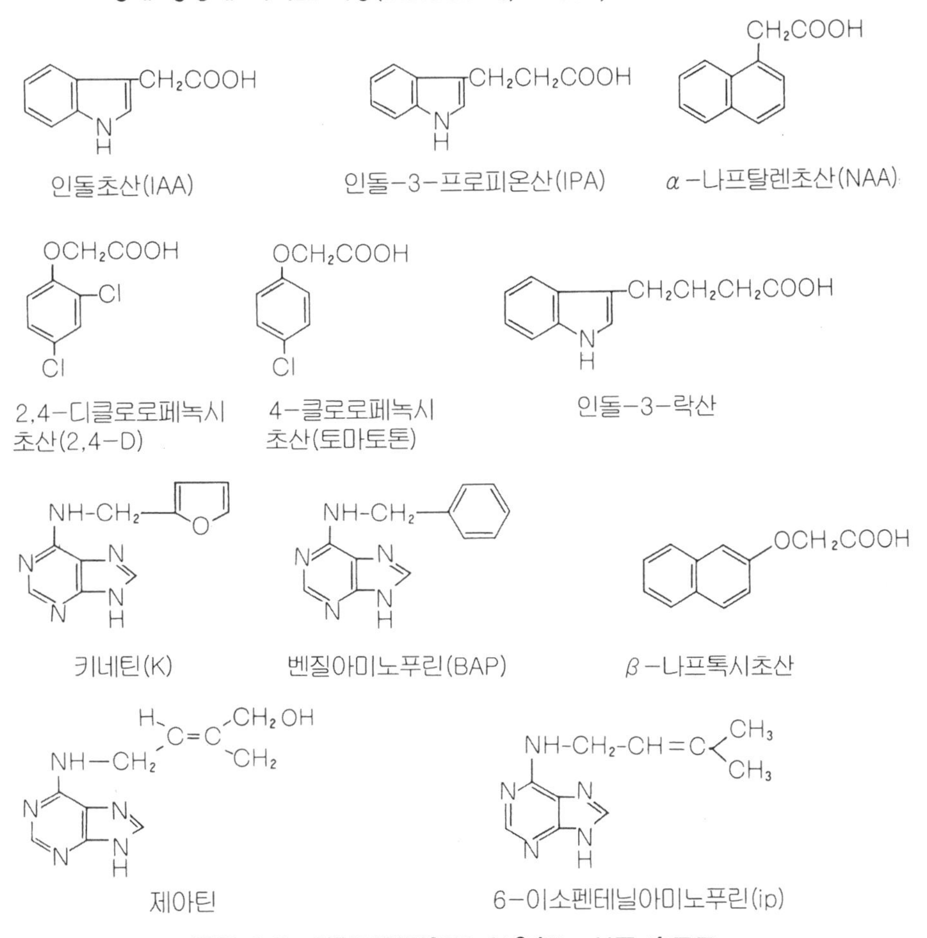

그림 1.5 식물조직배양에 사용하는 식물 호르몬

(4) 옥신과 시토키닌 이외의 천연물질을 필요로 하는 것 : 아스파라거스, 딸기 ; 코코넛 밀크, 효모추출물, 맥아엑기스, 카제인 가수분해물, 토마토나 감자추출액을 첨가한다.

옥신은 캘러스의 유도와 그 계대배양에 필요하여, 1~10μM의 농도로 사용되고 있는 경우가 많다. 한편, 시토키닌은 세포의 증식 촉진과 기관 재분화를 위해 0.1~10μM의 농도로 처리한다.

같은 식물 호르몬에서도, 지베렐린이나 앱시스산은 일반적으로 배양세포의 증식이나 기관 재분화에 대해 효과가 크지 않다(그림 1.5).

원형질체-순수 식물세포

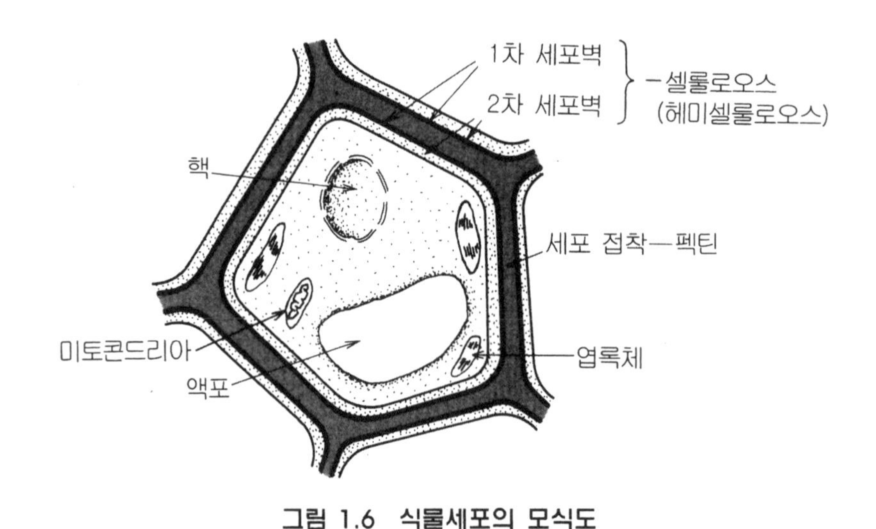

그림 1.6 식물세포의 모식도

식물세포는 바깥쪽에 셀룰로오스를 주체로 한 두꺼운 세포벽을 가지고 있다(그림 1.6, 1.7).

19세기말 무렵에는 이미 고등식물의 세포벽을 기계적으로 제거하는 것이 시도되었고, 원형질체라는 이름도 생겼다(그림 1.8). 20세기에 들어와, 세포벽을 녹이는 효소가 발견되었고 달팽이의 소화액이 이용되었다.

1960년에 Cocking은 목재부후균(木材腐朽菌)의 셀룰라아제로 토마토의 근단 세포에서 원형질체를 얻었다. 이것은 식물세포배양의 역사에서 획기적인 것으로 큰 가능성을 열었다(표 1.2).

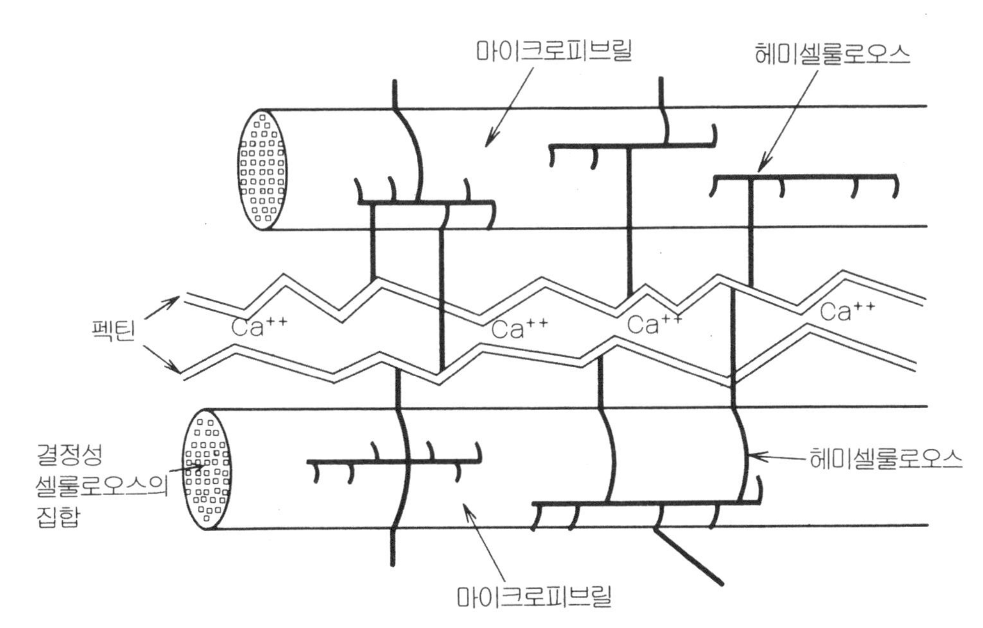

셀룰로오스로 이루어진 마이크로피브릴은 펙틴을 사이에 두고 서로 접착해 있다. 그리고 펙틴 자신은 Ca^{++}에 의해 이어져 있다.

그림 1.7 어린 쌍자엽식물 세포벽의 구조 모델

표 1.2 원형질체 관련 사항

Hanstein	1880	쇠뜨기의 세포벽을 떼어낸 것을 원형질체라 명명
Cocking	1960	곰팡이의 셀룰라아제를 사용해서 토마토의 근단으로부터 원형질체를 획득
	1966	셀룰라아제와 펙틴아제를 조합해서 원형질체를 만들고 바이러스의 연구에 이용함
建部	1968	원형질체의 대량조제법 확립
Cocking	1968	토마토의 과실로부터 원형질체를 고농도의 질산나트륨의 존재하에 융합
長田, 建部	1971	담뱃잎의 원형질체 배양
Carlson	1972	담뱃잎의 원형질체를 융합시켜 잡종식물까지 육성
Kao	1974	융합제로서 폴리에틸렌글리콜(PEG)의 개발
Melchers	1978	토마토와 감자의 원형질체를 융합시켜 포마토 생산

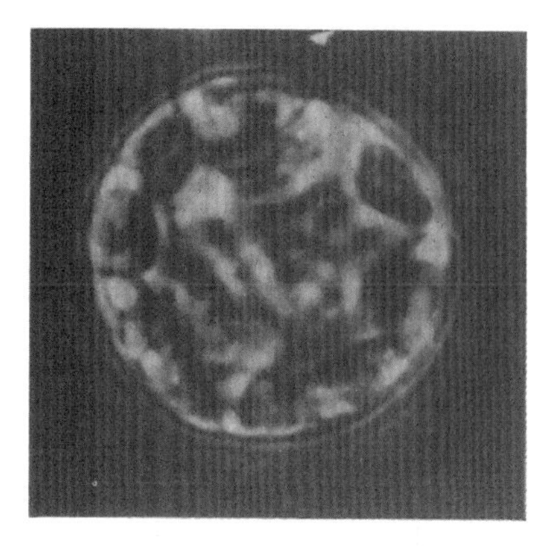
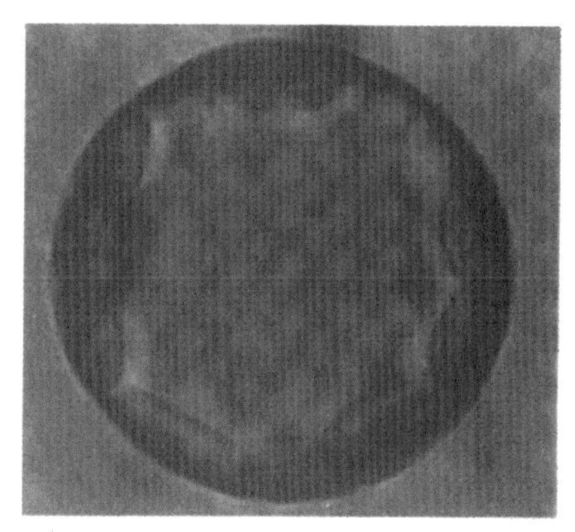

(a) 담배 엽육조직에서의 분리 직후 원형질체

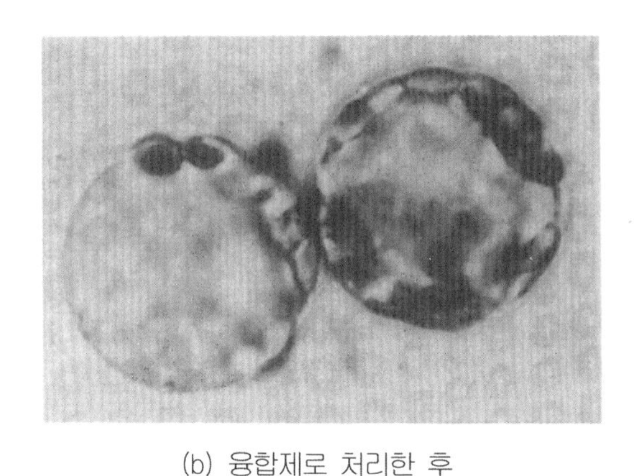

(b) 융합제로 처리한 후

그림 1.8
(Mantell 외, 1985[1])

세포벽이 없기 때문에, 동물세포나 세균과 같이 식물세포도 하이테크놀로지의 대상이 될 수 있다. 즉, 나출된 원형질체를 이용하여 핵이나 DNA, 바이러스 등을 세포 내로 주입하거나 다른 종 사이의 세포융합도 가능하게 되었다.

초기에는 세포벽을 제거하여 원형질체를 나출시키기 위해서 아주 잘게 써는 등 기계적 방법을 이용하였으나 세포벽을 서로 접착시키고 있는 펙틴을 분해하는 펙틴아제(예를 들면, 상품명 마세로자임)와 세포벽의 구성 물질인 셀룰로오스를 분해하는 셀룰라아제(상품명 오노주카 P-1500) 등이 생산되면서 효소적 방법이 도입되었으며 이 연구는 타게베에 의해 최초로 시도되어 담배의 엽육세포로부터 대량의 원형질체를 얻었다.

그리고 그 원형질체는 배양에 의해 세포벽이 재생되고 분열하여 원래의 담배로 분화되었다(1968, 1971).

표 1.3 식물조직배양법의 발전(1900년 이후)

내용	연구자
ㅇ닭세포의 조직배양 성공, 식물세포배양의 시도를 자극함	Carrel (1912)
ㅇ카브칸란 줄기의 절개구에 생기는 세포 덩어리를 관찰, 캘러스라고 부름	Heberlandt (1921)
ㅇ완두와 옥수수 뿌리의 절편을 단기간 배양	Kotte (1922) Manevel (1923)
ㅇ옥신(IAA)이 세포의 생장을 촉진	Went (1927)
ㅇ토마토의 무균배양, 배지 고안	White (1934)
ㅇ수목 형성층의 캘러스 형성	Gautheret (1934)
ㅇ당근 뿌리부터의 캘러스 세포배양에 IAA를 사용	Nobecourt (1937) Goutheret (1937)
ㅇ*Nicotiana glauca*×*N. langsdorfi*의 잡종으로부터 유도된 캘러스의 배양에는 IAA가 불필요	White (1937)
ㅇ엉겅퀴배의 배양에 코코넛 밀크 사용	van Overbeek 외 (1942)
ㅇ핵산으로부터 유도된 아데닌 화합물이 캘러스 세포로부터 싹을 분화	Skoog (1948), (1950)
ㅇ배유배양 확립	La Rue (1949)
ㅇ단자엽식물 세포배양법 확립	Morel (1950)
ㅇ키네틴이 세포분열을 촉진	Miller 외 (1955)
ㅇ담배 캘러스로부터 싸와 뿌리의 분화에 대한 옥신과 키네틴의 작용 확립	Skoog와 Miller (1957)
ㅇ당근 캘러스에서의 부정배 형성	Reinert (1958)
ㅇ곰팡이의 셀룰라아제에 의해서 식물세포의 세포벽을 제거해서 원형질체를 생산	Cocking (1960)
ㅇ조직배양의 기본배지(Murashige-Skoog 배지)의 확립	Murashige와 Skoog (1962)
ㅇ셀룰라아제와 펙틴아제를 사용한 원형질체 제조법의 확립	建部 (1968, 1971)
ㅇ엉겅퀴의 화분배양과 반수체식물의 육성	Guha와 Raheshwari (1964)
ㅇ융합제 존재하에서의 원형질체 융합에 따른 체세포잡종 형성	Vasil (1976)
ㅇ토마토와 감자의 원형질체를 융합하여 포마토를 만듦	Melchers (1978)
ㅇ단자엽식물의 원형질체로부터 식물체 재생	Vasil (1980)

1.2 식물의 생활

식물의 라이프 사이클

식물조직배양의 성공과 실패는 라이프 사이클 중 어떤 단계의 식물을 재료로 사용하는가에 따라 좌우된다. 여기서 식물의 라이프 사이클을 간단히 살펴보기로 한다.

식물의 생활 환경은 종자의 발아에서 출발한다. 발아를 하기 전에 먼저 급격한 흡수가 일어나고 그 후 핵산과 효소의 합성이 시작된다.

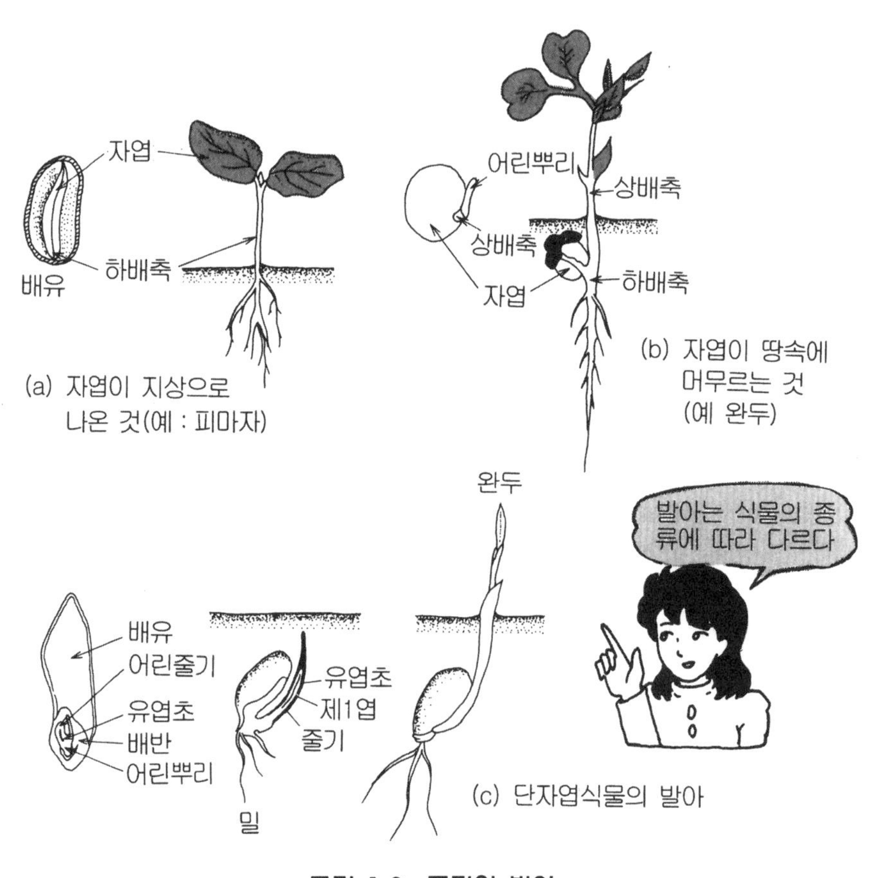

그림 1.9 종자와 발아

이 효소에 의해 종자의 자엽(子葉)이나 배유(胚乳)에 축적된 저장 물질이 분해되고, 생장을 시작한 배나 배축(胚軸)으로 운반되어 생장에 소요된다. 종자가 흡수한 후 어린배가 발육을 하면서 1차적으로 어린 뿌리가 종피 밖으로 나오는데, 이 단계를 일반적으로 **발아**라고 부른다.

이 어린 식물의 생장은 본질적으로 그 후의 생장과 같은 것이다. 어린 식물의 대부분은 초기 단계에는 흙 속에 머물러 있다. 따라서 **싹이 트는** 형태나 생장하는 방법은 광합성을 행하는 기관과 생장점을 흙 속에서 밖으로 상처 없이 내보내기에 좋은 상태로 되어 있다(**그림 1.9**).

식물의 생장은 활발히 신장하는 **영양생장기**와 꽃을 피워 종자를 맺는 **생식생장기**로 구분된다. 영양생장은 기본적으로 종방향의 신장(1차생장)이다. 신장생장은 경엽부의 선단(경정)과 근단(根端)이 국부적으로 생장하는 것을 말한다. 경정(莖頂)과 근단의 미분화한 분열조직은 끊임없이 세포가 분열하고 세포수가 증가한다. 그리고 분열활동을 정지한 세포는 부피가 증가한다. 그 결과, 식물체에는 축을 따라 조직의 연령 기울기가 발생한다. 수목의 경우에는 줄기 중심의 형성층이 분열하고, 횡방향으로 비대(2차생장)한다. 식물은 일정 기간 동안의 영양생장을 한 후에 생식생장으로 전환한다.

식물의 구조

조직배양의 재료로서, 식물의 어느 부분을 선택하는가는 상당히 중요한 문제이다. 보통 활발히 세포분열을 하고 있는 분열조직을 선택하는데, 분열조직은 어디에서 볼 수 있는 것일까?

식물은 뿌리·줄기·잎 등의 기관으로 구성된다. 이것들의 기관은 각각 **분열조직**과 **영구조직**에서 생긴다. 분열조직은 소형이며, 세포벽이 얇고 원형질이 풍부한 세포의 집합으로, 세포분열을 하면서 새로운 세포를 만드는 조직이다. 이것은 줄기나 뿌리의 선단부에 있는 생장점이나, 줄기의 목질부(木質部)와 사부(師部) 사이의 형성층에서 볼 수 있다. 생장점은 식물의 **신장생장**(1차생장)을, 형성층은 **비**

대생장(2차생장)을 하게 한다.

분열조직에 의해 생긴 조직에는 표피조직, 통도조직, 기계조직, 유조직이 있다(표 1.4).

표 1.4

조직 구분	세포의 특징	주요한 작용
분열조직	세포벽이 얇고, 원형질이 풍부하다. (경 정, 근 단)	세포분열을 통해 세포수를 늘인다.
영구조직	세포벽이 두껍고 액포가 크다. 분열능력이 없다.	
표피조직	보통 한 층의 평탄한 세포	식물체 보호
유 조 직	세포벽이 두껍고, 원형질이 활동하고 있다.	광합성, 물질의 저장 등
기계조직	세포벽 전체가 두껍다. (기계조직, 후막조직, 후각조직 등이 있다)	식물체의 지지와 보호
통도조직		
도 관	세포벽이 목화하고, 상하의 세포간에 간격이 없다.	물과 무기영양의 통로
반도관	세포벽이 목화하고, 상하의 세포간에 간격이 없다.	물과 무기영양의 통로
사 관	살아있는 세포로부터 생기는 관으로 상하 사판이 존재 (옆으로 반세포가 붙어 있다)	잎에서 만들어진 영양분의 통로

표피조직은 식물체의 표면을 덮어 내부를 보호하는데, 여기에는 근모, 공변세포, 털이 포함되어 있다. **유조직**은 잎의 책상조직이나 해면조직, 줄기의 피층, 중심(수 ; 髓) 등이 있다. **통도조직**은 뿌리에서 흡수한 수분이나 무기염류의 통로이고, 잎의 광합성산물의 통로인 관상세포로부터 이루어진다. **기계조직**은 단단한 세포벽을 가지는 섬유조직이나 후막조직으로서, 식물체의 지지나 보호에 도움이 된다. 식물조직배양의 재료가 되는 것은 세포벽이 얇고 원형질이 많은 세포로 구성되어 있는 조직으로, 경정이나 근단, 줄기의 형성층인 것이 많다(그림 1.10)

세포의 분열

조직배양은 기본적으로는 세포의 분열과 생장에 근간을 두고 행해진다. 세포증식의 형태를 보기로 한다.

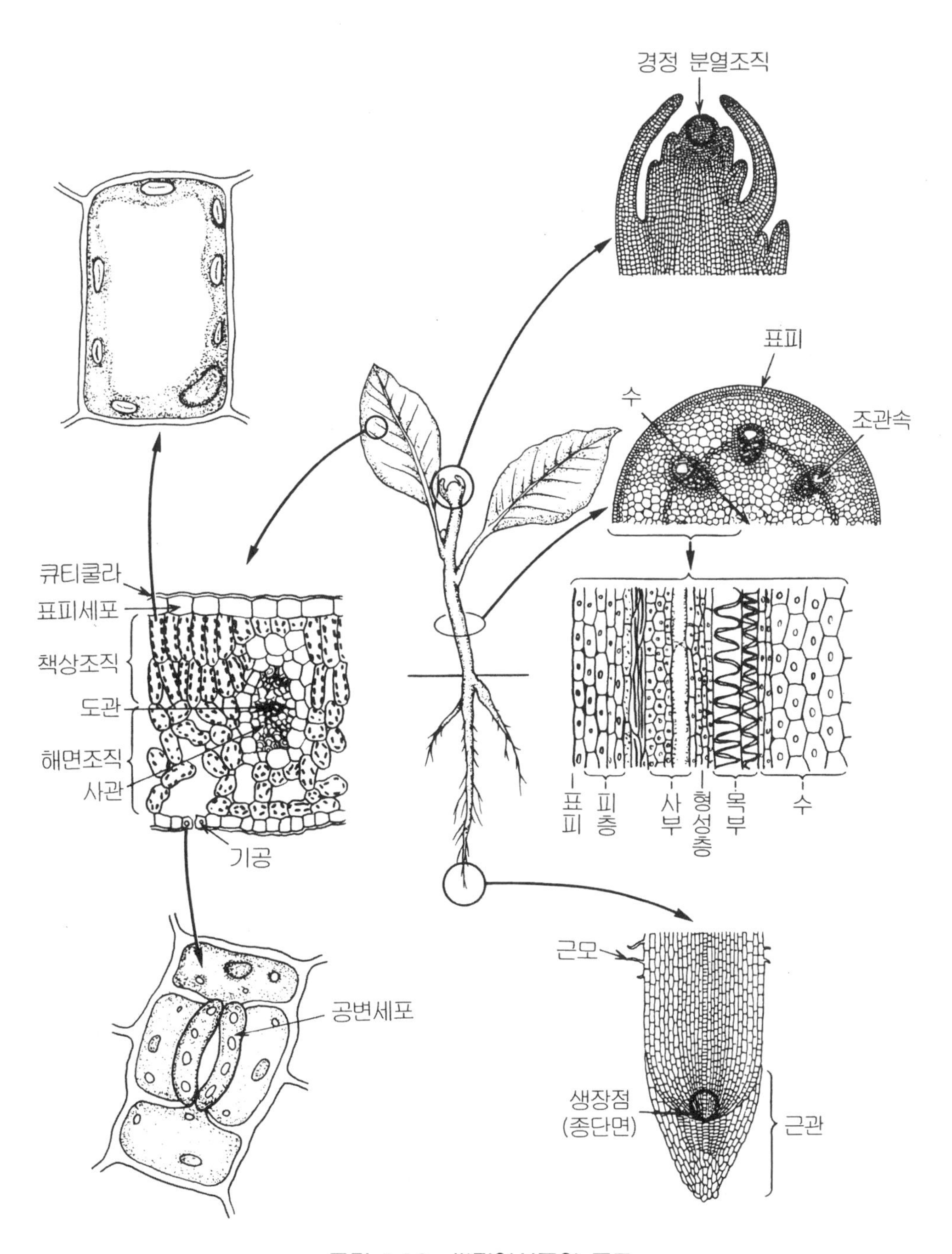

그림 1.10 쌍자엽식물의 구조

세포는 원칙적으로, 1개의 **모세포**가 분열하여 새롭게 2개의 **딸세포**로 증식한다. 많은 세포분열은 사상구조가 출현하는 유사분열이다. 유사분열에는 몸을 이루고 있는 세포가 증가할 때에 일어나는 **체세포분열**과 생식을 위해 일어나는 **감수분열**이 있다. 세포는 핵의 분열이 먼저 일어나고 뒤이어 세포질이 분열하여 완전한 분열이 이루어진다.

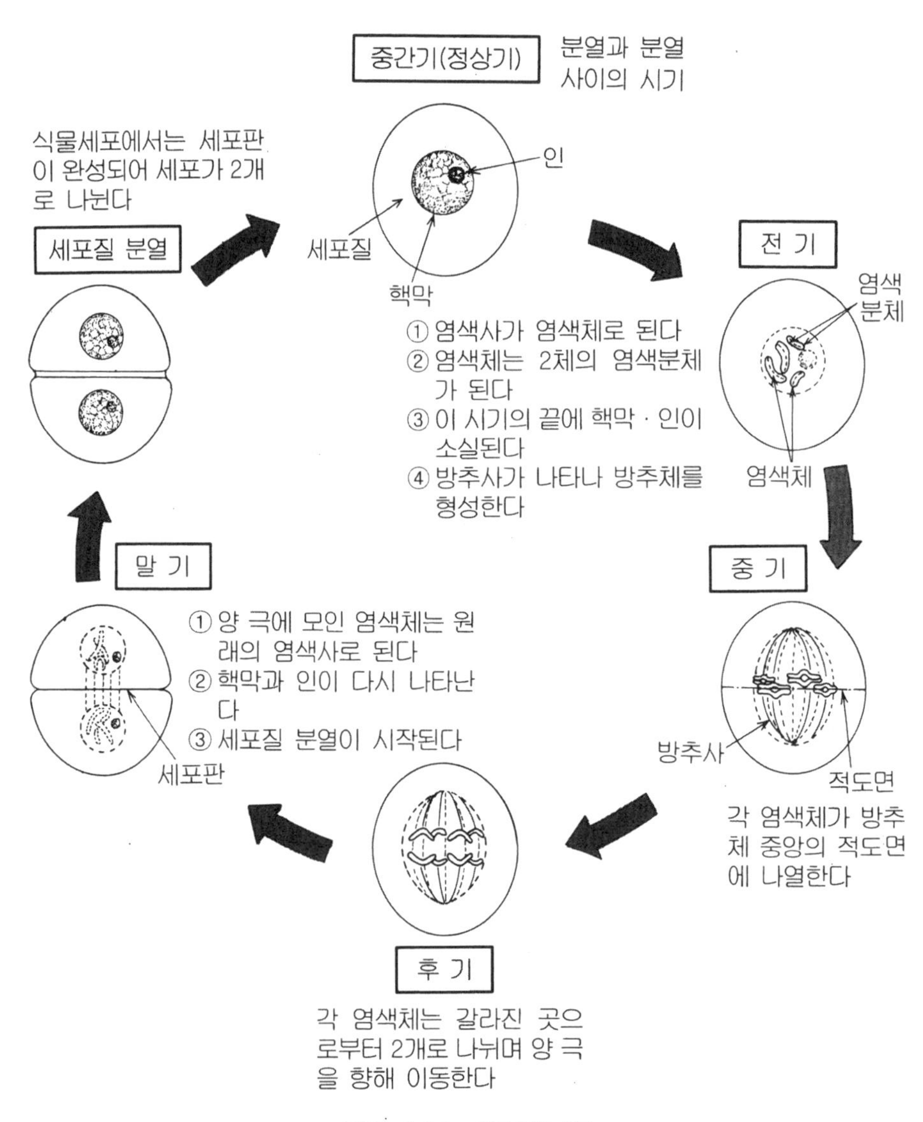
중간기(정상기)
분열과 분열 사이의 시기
인
세포질
핵막
① 염색사가 염색체로 된다
② 염색체는 2체의 염색분체가 된다
③ 이 시기의 끝에 핵막 · 인이 소실된다
④ 방추사가 나타나 방추체를 형성한다
전 기
염색분체
염색체
중 기
방추사
적도면
각 염색체가 방추체 중앙의 적도면에 나열한다
후 기
각 염색체는 갈라진 곳으로부터 2개로 나뉘며 양 극을 향해 이동한다
말 기
① 양 극에 모인 염색체는 원래의 염색사로 된다
② 핵막과 인이 다시 나타난다
③ 세포질 분열이 시작된다
세포판
세포질 분열
식물세포에서는 세포판이 완성되어 세포가 2개로 나뉜다

그림 1.11 세포질분열

체세포의 분열

핵분열의 과정은 전기・중기・후기・말기(종기)로 나뉘어진다.

전기 핵 내에 일정하게 분포하고 있던 염색사가 굵고 짧게 되며 염색체를 형성한다. 염색체는 세로로 막이 생겨서 2개의 염색분체가 된다. 핵막과 핵소체가 사라지고, 방추사가 나타나 방추체를 형성한다.

중기 각각의 염색체가 방추체 중앙의 적도면에 나열된다.

후기 각각의 염색체는 갈라진 부위에서 2개로 나뉘며, 각 염색분체는 새로운 염색체(딸염색체)로서 양 극으로 이동해 간다.

말기 양 극에 모인 각각의 염색체는 원래의 염색사로 돌아가고 핵막과 핵소체도 다시 나타나면서 핵분열이 끝난다. 이 세포 중앙에 세포판이 생기고, 세포질도 2개로 나뉘어진다. 세포분열이 종료된 후 다음 분열로 들어갈 때까지의 준비기간을 간기(중간기)라고 부른다.

체세포분열에서는 모세포와 딸세포의 염색체수가 변하지 않는다. 식물조직배양에서는 대부분 체세포분열을 기초로 하고 있다(그림 1.11).

생식세포의 분열

화분이나 배낭세포처럼 배우자가 생길 때에 감수분열이라고 불리는 특별한 세포분열이 일어난다.

감수분열은 연속으로 두 번 분열하고 염색체수가 반으로 줄어든다.

제1분열 전기에서는 상동염색체끼리 평행으로 배열되어 접착하면서 2가염색체를 형성한다. 각 상동염색체는 이미 세로로 나뉘어져 있기 때문에 1개의 2가염색체는 전부 4개의 염색분체로 이루어져 있다.

제1분열에서는 각 상동염색체를 1개씩 포함한 2개의 세포가 만들어지고, 염색체수가 체세포의 반으로 줄어든다.

제2분열 연속적으로 일어나는 제2분열에서는 염색체가 세로로 나뉘어지고, 각각의 염색분체는 딸염색체가 되어 1개씩 딸세포로 들어간다. 감수분열의 결과, 염색체수가 반으로 줄어든 생식세포가 4개 만들어진다.

모세포의 염색체수를 $2n$이라고 하면, 생식세포의 염색체수는 n이다. 감수분열로 만들어진 생식세포 2개가 접합해서 새로운 개체가 생기면, 염색체수가 $2n$이 되어 자손이 된다. 자손은 부모로부터 상동염색체를 1개씩 이어받아 친(親)과 자(子)의 염색체수가 일정하게 유지된다(그림 1.12).

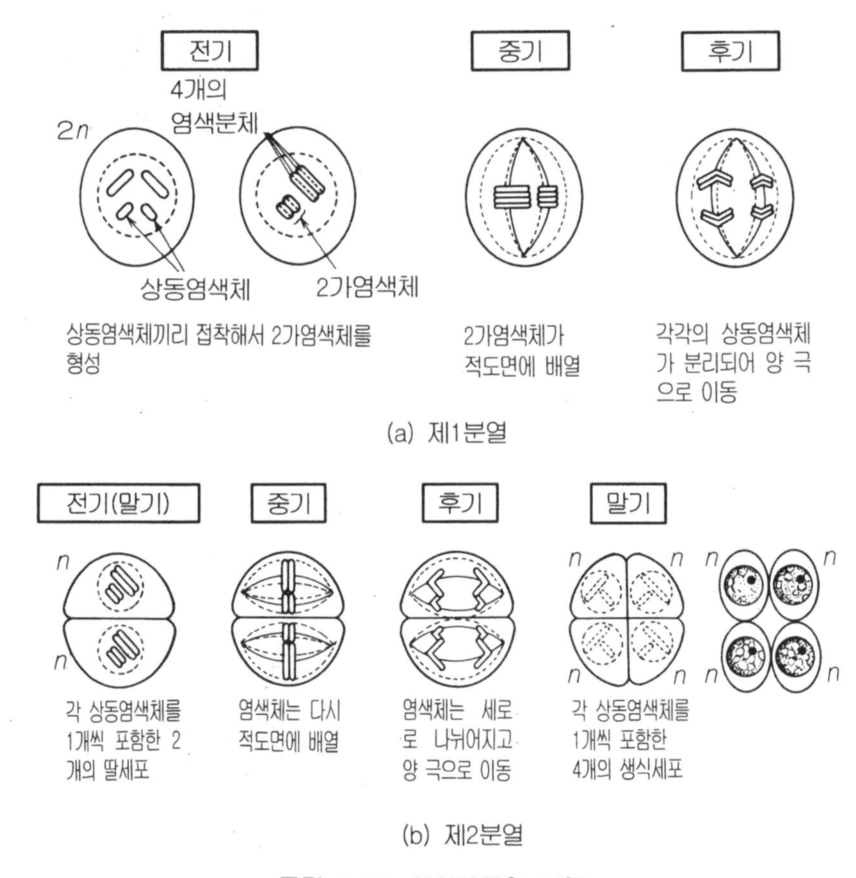

그림 1.12 생식세포의 분열

꽃의 구조

꽃의 구조를 설명하기 위해 유채를 예로 들어보기로 한다. 봄에 진황색의 유채 꽃밭을 이루는 유채는 십자화과에 속한다. 유채 종자에서 기름을 짜면 그 기름은 유채유 또는 종유라고 한다. 유채의 어린잎은 식용으로도 사용된다. 또한 더 먹기 쉽게 품종 개량된 것이 코마츠나와 쿠로나이다.

십자화과 꽃의 중앙에 있는 암술은 선단의 암술머리와 그 아래의 화주(花柱), 자방으로 연결된다. 암술을 둘러싸고 있는 것이 수술이고, 선단에 대해 속에 화분이 있는 약과 그것을 받치고 있는 화사(花糸)로 구성된다.

유채의 수술은 긴 것 4개와 짧은 것 2개이다. 수술의 바깥부분에 있는 것이 화변(花弁)이며 종합해서 화관(花冠)이라고 한다. 제일 바깥에 있는 것이 꽃받침이다. 자방 속의 배주(밑씨)는 생장해서 종자가 되고, 자방과 함께 열매가 된다(그림 1.13).

약·화분·자방·배주에 대해서 조직배양이 이루어지고 있는데, 이것은 반수체 식물을 만들어 열성형질의 호모식물을 얻기 위한 것이다. 또 자가수분이 곤란한 식물을 시험관 내에서 수분시키는 것도 가능하다.

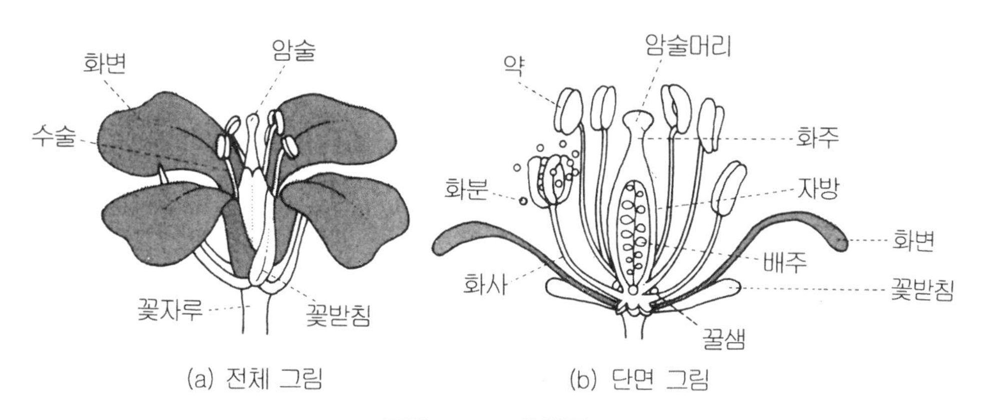

그림 1.13 유채꽃

식물의 번식법

식물의 번식법에는 (1) 영양적(무성)인 방법과, (2) 종자(유성)에 의한 방법이 있다.

영양번식법

식물의 영양체의 일부를 분할하고 재생하는 방법으로, 다음의 3가지로 나뉜다.

영양번식법
- (a) 분할된 것에 뿌리 또는 뿌리의 원기(原基)가 있다.
  - 분주법, 분구법, 휘묻이법
- (b) 분할된 것이 뿌리부분을 가지지 않고, 분할 후 부정근이 발생한다.
  - 삽목법, 액아삽법, 엽삽법
- (c) 분할된 것이 뿌리부분을 가지지 않고, 다른 식물에서 생활한다.
  - 접목법
- (d) 조직배양

여기에 네 번째 방법으로 조직배양법이 부과된 것이라고 볼 수 있다.

영양번식의 특징은 유전적으로 완전히 같은 개체(클론식물)가 재생되는 것이다. 그러나 종자번식과 비교해서 영양번식에서는 육성할 수 있는 식물체의 수가 한정되어 있다.

뒤에서 말할 조직배양기술을 사용한 대량번식도 영양번식과 같이 임의의 시기에 대량의 클론식물 육성이 가능하게 되었다(그림 1.14, 1.15).

유성번식법

고등식물은 종자로 번식하고 미생물, 조류, 양치류는 포자로 번식한다. 피자식물의 생식기관은 꽃이며, 그 속에서 직접 생식에 관계하는 것은 수술과 암술이다. 1개의 꽃에 수술과 암술이 모두 갖춰져 있는 것은 **양성화**, 하나만 있는 것은 **단성화**라고 한다. 앞에 나온 유채는 양성화이다.

화분의 형성 수술의 약 속에는 다수의 화분모세포가 있고, 이것들은 감수분열에 의해 각각 4개의 **화분세포**(화분 4분자, 염색체수=n)가 된다. 이는 성숙해서 화분이 되고, 그 후 핵은 2개로 나누어져 생식핵(n)과 **영양핵**(n)이 된다.

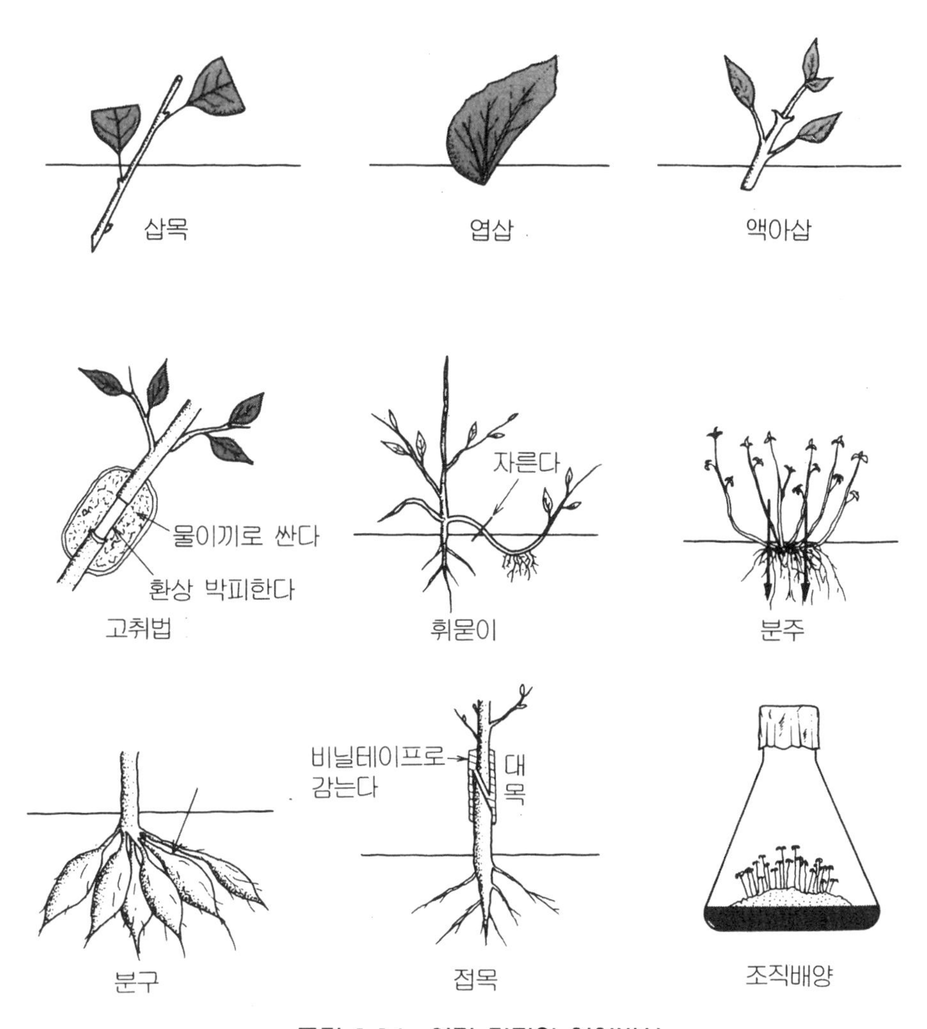

그림 1.14 여러 가지의 영양번식

배낭의 형성 배주 속에는 1개의 배낭모세포($2n$)가 있고, 감수분열에 의해 4개의 세포가 된다. 그 중 큰 것 1개만이 배낭세포(n)가 되고, 나머지 3개는 퇴화된다.

배낭세포에서는 다시 3회 연속해서 핵이 분열하여 8개의 핵을 가진 배낭이 생긴다. 3개의 핵은 주공(珠孔) 근처에 모여, 그 중 1개는 난세포(n)로, 2개는 조세포(n)가 된다. 나머지 3개는 반대쪽에 모여 반족세포(n)로 되며, 중앙에 남은 2개는 융합하여 극핵($2n$)이 된다(그림 1.16).

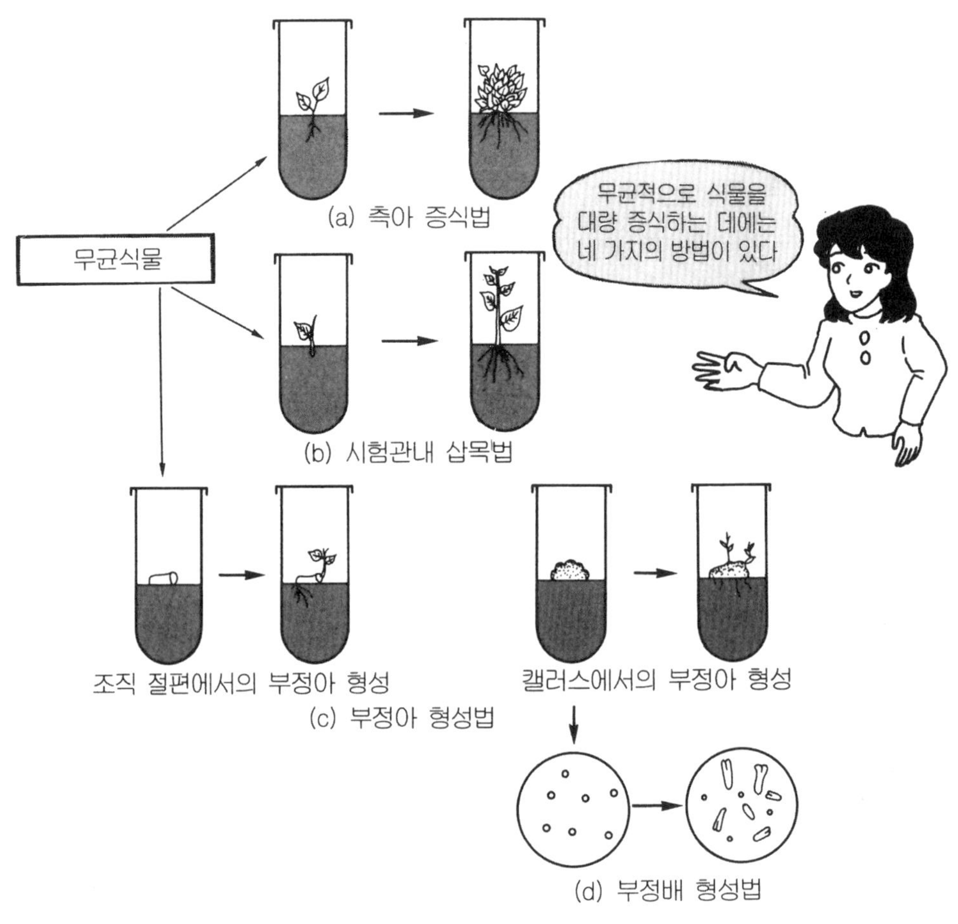

그림 1.15 싹의 대량증식방법(高山眞策, 1989[2] 변경)

중복수정 피자식물의 수정은 중복수정이라고 불리는 독특한 것이다. 화분이 암술의 끝인 암술머리에 붙으면(수분), 화분에서 화분관이 생기고 암술머리·화주(花柱) 속에서 배주의 주공으로 향해 자란다. 생식핵은 분열하여 2개의 정핵(n)이 되는데 생식핵의 분열은 약 내에 존재하는 화분에서 이루어지는 경우(3핵성)와 수분 후 화분관 내에서 이루어지는 경우(2핵성)로 구분된다.

정핵 중 하나는 난세포의 핵과 합쳐져 수정란($2n$)이 되고, 다른 하나는 2개의 극핵과 합쳐져 배유핵($3n$)이 된다. 이처럼 피자식물에서는 수정이 이중으로 일어난다(그림 1.16).

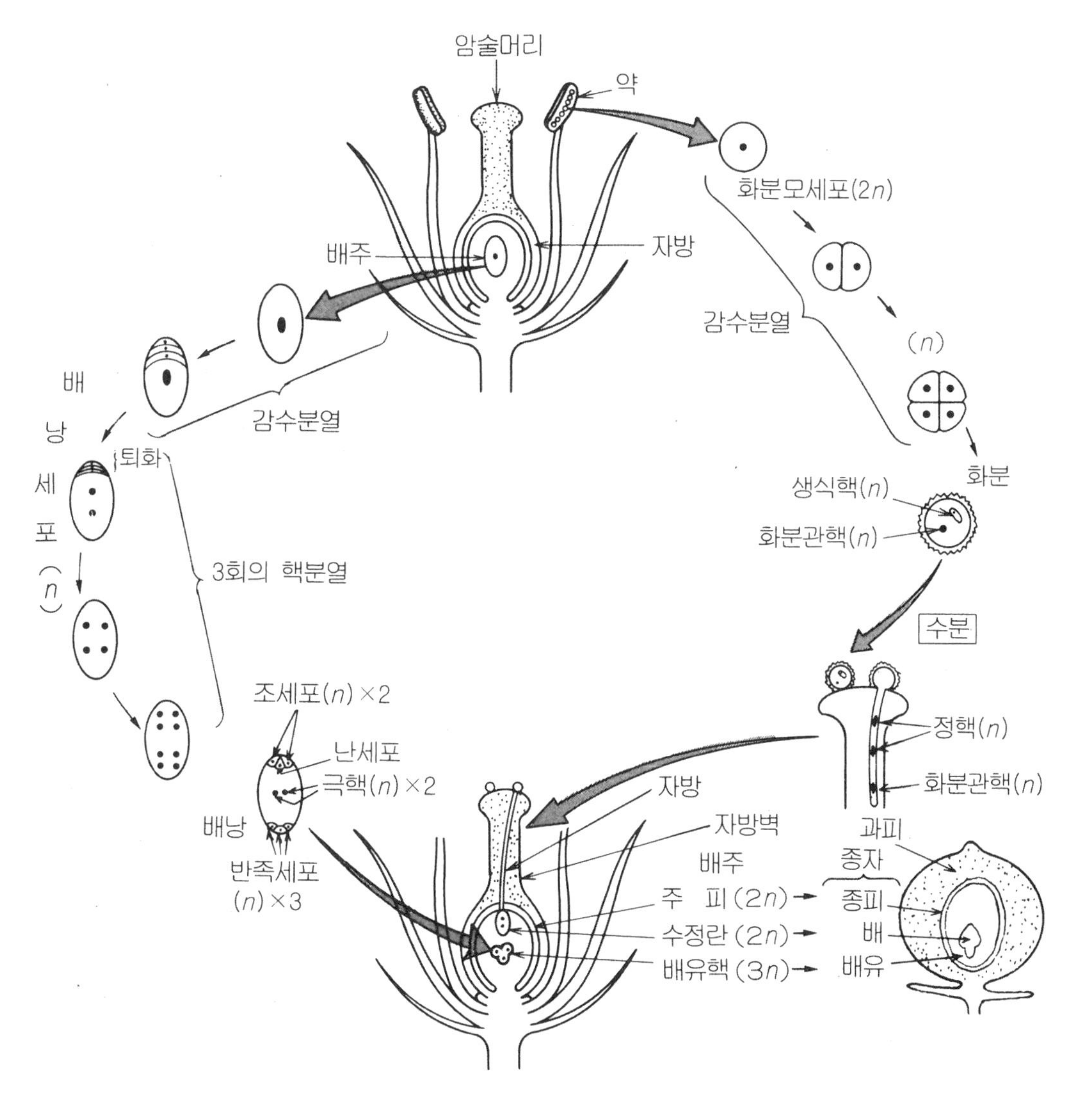

그림 1.16 종자식물의 중복수정과 종자의 형성

종자의 형성 수정란은 세포분열을 반복하고, 이것이 종자의 배(2*n*)가 된다. 배유핵도 분열해서 배유(3*n*)를 형성한다. 배주를 싸고 있는 주피는 종피가 되어 배와 배유를 싸며 휴면상태의 종자가 된다. 많은 종자식물에서는 이 시기에 자방벽이 발달하고, 종자를 싸서 과실을 형성한다. 종자가 발아하면 배가 다음 세대의 식물체로 생장한다. 또 배유는 발아에 필요한 양분이 되어 발아할 때 소비된다. 식물 중 단자엽식물은 양분이 배유에 축적되는 경우가 대부분이고(쌀, 밀), 쌍자엽식물은 배의 자엽이 배유의 영양분을 흡수해서 축척하고 있다(밤, 콩).

1.3 새로운 식물의 재생법

식물조직배양법의 가장 큰 성과 중 하나는 새로운 식물의 재생법을 제공했다는 것이다. 이것에 대해서는 2.4 원형질체에서 자세히 설명하겠지만 여기서 간단히 언급하고자 한다.

배주배양-시험관 아기

양성화는 암술과 수술을 갖추고 있기 때문에 같은 꽃 중에서의 수분이 가능한 경우도 있지만, 대부분의 꽃은 다른 꽃의 화분을 사용해서 종자를 만들려고 하므로 화기도 여러 가지를 가지고 있다.

(1) 암술과 수술의 성숙 시기가 다른 것 —— 자웅이숙
  (a) 암술이 먼저 성숙하는 것 (자성선숙)
    메귀리(그림 1.17 (a)), 질경이, 목련
  (b) 수술이 먼저 성숙하는 것 (웅성선숙)
    당근, 도라지, 봉선화, 푸크시아(그림 1.17 (b))

(2) 자웅이 같은 시기에 성숙하고, 꽃의 형태도 자가수분으로 맞춰가면서 자신의 화분이 암술에 붙었을 때만 종자가 되지 않는 것 —— 자가불화합
    벼과, 콩과, 십자화과 등의 다수, 가지, 사과 등

자가불화합은 수분시에 자기·비자기를 인식하는 구조가 움직이며 암술 속에 자신의 화분행동을 억제하는 구조가 있기 때문이다. 이 자가불화합의 원인으로서 다음과 같은 예가 관찰되고 있다(그림 1.19).

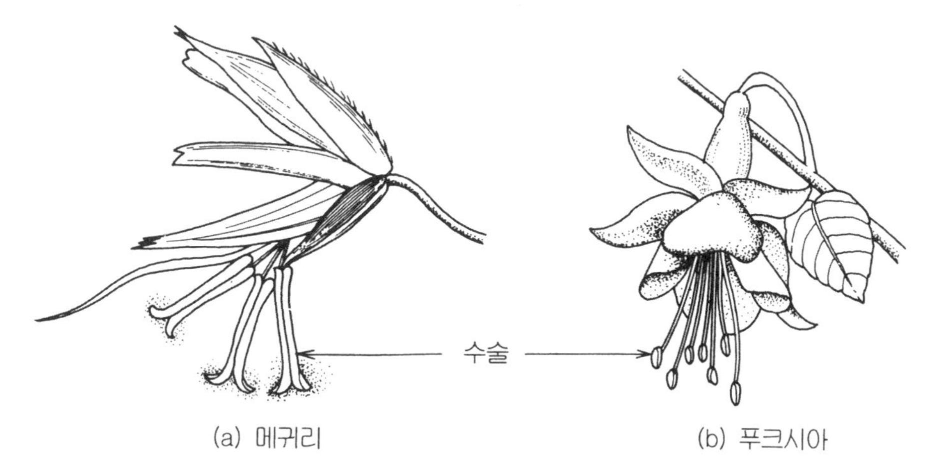

수술과 암술의 성숙 시기가 다르므로 자가수분이 생기지 않는다.
(a) 메 귀 리……수술이 성숙하는 때에는 암술은 시들어 있다(자성선숙)
(b) 푸크시아……수술이 성숙하지만 암술은 펼쳐져 있다(웅성선숙)

그림 1.17 타가수분하는 식물

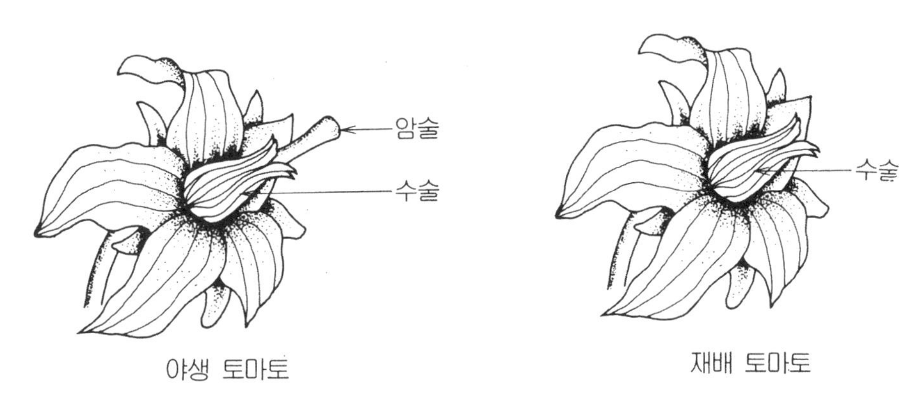

토마토의 야생종은 타가수분에 적당한 꽃을 붙이지만, 선발 결과 현재 재배되고 있는 것은 자가수분이 가능해지고 있다.

그림 1.18 자가수분하는 계통으로 변화

(1) 화분은 암술머리 위에서 발아하지 않고 발아해도 화분관이 화주 속으로 침입할 수 없다.

(2) 화분관은 화주(花柱)안을 뻗어가지만, 배주에는 도달할 수 없다.

(3) 화분관이 배주에 도달해서 수정은 이루어지지만, 배가 발달하지 않는다.

(4) 배의 발생이 도중에서 정지한다.

이러한 교잡불화합을 극복하기 위한 기술에는 시험관 내의 배지에 무균상태로 배주를 두고, 그 주위에 뿌린 화분에서 화분관을 신장시켜 배주를 수정시키는 **시험관수정 기술**(양귀비, 담배)과 수정 후의 배·배주·자방을 배양해 잡종식물을 육성하는 기술(십자화과, 담배)이 있다. 이것은 식물에서의 시험관 아기라고 말할 수 있다.

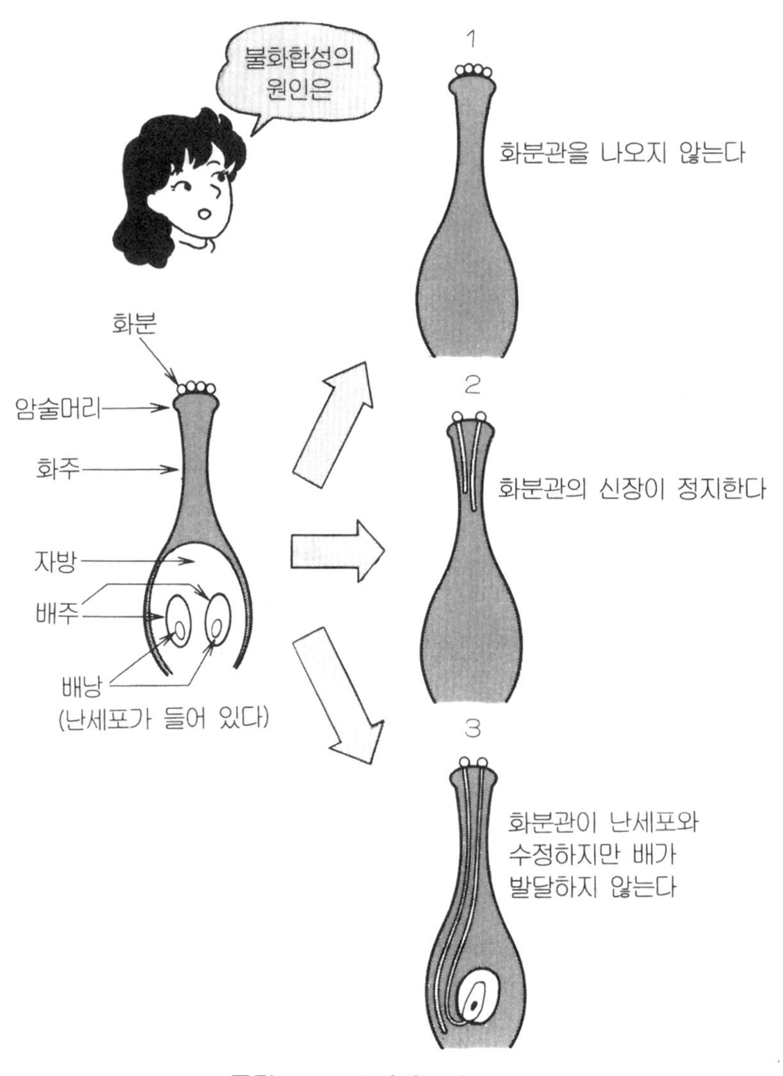

그림 1.19 불화합성의 여러 가지

경정배양과 바이러스 프리 식물

감자, 딸기, 카네이션, 백합 등은 영양번식을 하는 식물의 대표적인 것이다. 종자로 번식하는 식물은 바이러스가 종자로 침입하지 않기 때문에 문제되지 않지만 영양번식에서는 모주(母株)가 바이러스에 감염되어 있으면, 자주(子株)에게 바이러스는 대대로 계승된다. 바이러스에 감염된 식물은 잎이나 꽃에 반점이 생기고, 감자나 딸기의 경우 괴경이나 과실이 작아져 경제적인 손실을 가져온다. 더욱이 일단 바이러스에 감염된 식물을 재생시키는 것은 식물 바이러스에 대한 유효한 약제가 없기 때문에 불가능하다. 그런데 최근 들어 조직배양의 하나인 **경정**(莖頂) **배양**(생장점배양)에 의해 바이러스 감염 식물을 재생시키고, 바이러스 프리 식물을 육성할 수 있게 되었다(표 1.5).

감염 식물체 내에서의 바이러스 분포는 일정하지 않고, 오래된 조직보다 뿌리나 줄기의 선단에 가까운 어린 조직에 적다(그림 1.20).

경정의 분열조직에 바이러스가 적은 이유에 대해서는 지금도 잘 알 수 없지만, 다음과 같이 생각할 수 있다.

표 1.5 경정배양의 역사

Loo	1945	아스파라거스의 정단배양
Holmes	1948	다알리아의 어린 싹이 바이러스에 감염되지 않는 경우를 관찰
Wetmore, Morel	1949	풀고사리의 경정배양
Morel	1952	토마토와 감자의 경정배양에서 바이러스 프리로 되는 경우를 발견
Holling	1963	국화의 바이러스 프리화
Holling	1964	카네이션의 바이러스 프리화
Jones, Vine	1968	구즈베리의 바이러스 프리화
Smith, Murashige	1970	담배, 당근의 바이러스 프리화
Mori	1971	고구마의 바이러스 프리화
Murashige	1974	경정배양을 바이러스 프리 식물의 생산법으로 해서 완성 "경정배양", "메리클론(mericlone)"이란 용어가 생김

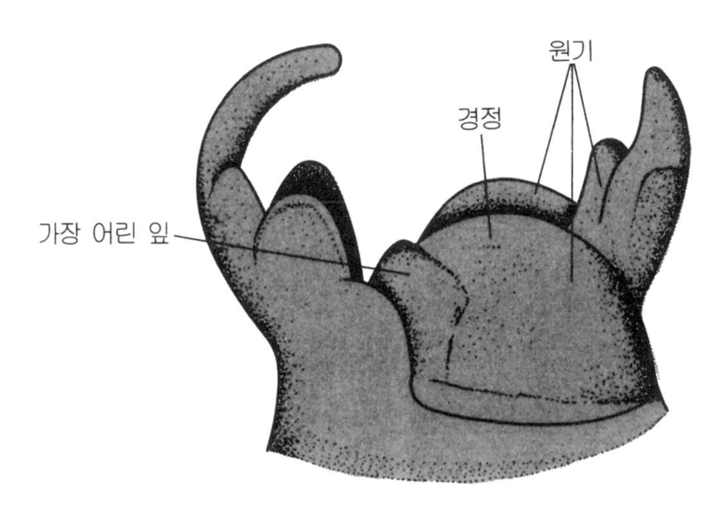

그림 1.20 포도(*Vitis vinitera*)의 정아

(1) 바이러스는 원형질 연락에 의해 세포에서 세포로 이행해 간다고 생각할 수 있지만, 그 이행 속도를 경정 분열조직의 세포분열 속도가 상회하기 때문에 경정 분열조직 전체에 바이러스가 감염되기는 힘들다.

(2) 세포분열이 활발히 이루어지고 있는 조직이므로 세포 내의 대사활성이 높고, 세포 속의 바이러스 증식에 필요한 RNA를 합성시키기 위한 재료가 부족하게 된다.

(3) 경정조직에 존재하는 고농도의 옥신이 바이러스의 활동을 억제한다.

경정의 분열조직은 정단(頂端)에 위치하는 1개의 세포가 원시(始原)세포가 되고, 분열에 의해 가능하다. 횡분열에 따라 정단분열의 측방이 되고, 표면에 대해 수직으로 분열면이 들어간 표피세포로부터 싹, 잎이 형성된다. 이 하나의 세포가 모든 세포를 만든다는 점에 주목해서 **생장점**이라 부르고 있다. 이 생장점을 포함하는 부위를 잘라내서 배양하면, 잎 · 줄기 · 뿌리를 형성하고 하나의 완전한 식물이 된다. 바이러스에 오염되어 있지 않은 부분을 얻기 위해서는 가능한 한 작게 자르는 것(0.2~0.5 mm 정도)이 필요하고, 그것을 위해서는 해부현미경으로 관찰하면서 무균상태로 절취할 필요가 있다. 이처럼 작은 생장점을 배양하고, 화분에 심을 수 있는 식물체로까지 육성하기 위해서는 상당한 시간이 필요하다.

생장점배양에서 바이러스 프리(free)로 된 국화, 수선화, 카네이션 등의 화훼식물은 꽃이 크고, 한 송이 당 피는 꽃의 숫자도 증가한다. 또 감자는 수량이 10% 이상 증가하였다고 보고되고 있다.

약 · 화분의 배양－순계의 생산

고등식물의 체세포는 각각 쌍을 이루고 있는 두 쌍의 **염색체**(상동염색체)를 가지고 있다. 감수분열에서 난세포나 화분이 생길 때 상동염색체는 분리되어 각각의 생식세포로 들어간다. 식물의 키에 관한 우성유전자 A와 꽃색에 관한 우성유전자 B, 그리고 각각의 열성유전자 a와 b를 가지는 식물이 있다.

유전자가 AA, aa, BB, bb와 같은 쌍이 될 때는 **호모(동형)접합**, Aa나 Bb와 같은 쌍의 경우는 **헤테로(이형)접합**이라고 부른다. 식물의 키와 꽃색에 대해 순계(호모)의 두 종류(AAbb와 aaBB)를 교잡해서 aabb라는 새로운 품종을 육성하려고 한다. AAbb의 화분은 Ab, aaBB의 난세포는 aB라는 유전자 구성을 가지고, 수정에 의해 발생하는 F_1(제1대)은 AaBb가 되며, 우성형질만이 보인다(**그림 1.21**(a)).

일반적으로 교잡육종에 의한 계통육종법은 이 F_1을 자가수정(자식)시켜 F_2세대를 만들고, 이중에서 뛰어난 형질을 가지는 것을 택하여 자가수정을 반복시킴으로써(F_3, F_4, …… F_n), 유전적으로 호모상태(형질이 고정된 순계)인 새로운 품종이 만들어진다.

화분이나 난세포는 한 쌍의 염색체만 가지는 반수체이므로 이것들에서 유도된 식물은 **반수체식물**이다. 반수체식물은 잎, 줄기, 꽃이 작으며, 화분을 형성하지 않거나 혹은 형성해도 수정능력이 없어 종자도 생기지 않는 것이 많아 이용가치가 별로 없다. 그러면서도, 유전자의 우성 · 열성에 의해 표현의 억제가 일어나지 않기 때문에 유전형질과 표현형질이 일치하며, 유익한 열성유전자를 검출할 수 있다. 반수체식물을 어린 벼의 단계에서 콜히친 처리를 하면, 염색체는 배로 증가해 2배체가 되고, 발아능력이 있는 종자를 얻을 수 있다.

이 2배체의 염색체는 호모이기 때문에 유전적으로 고정된 순계를 아주 단기간에 육성할 수 있게 된다(그림 1.21 (b)).

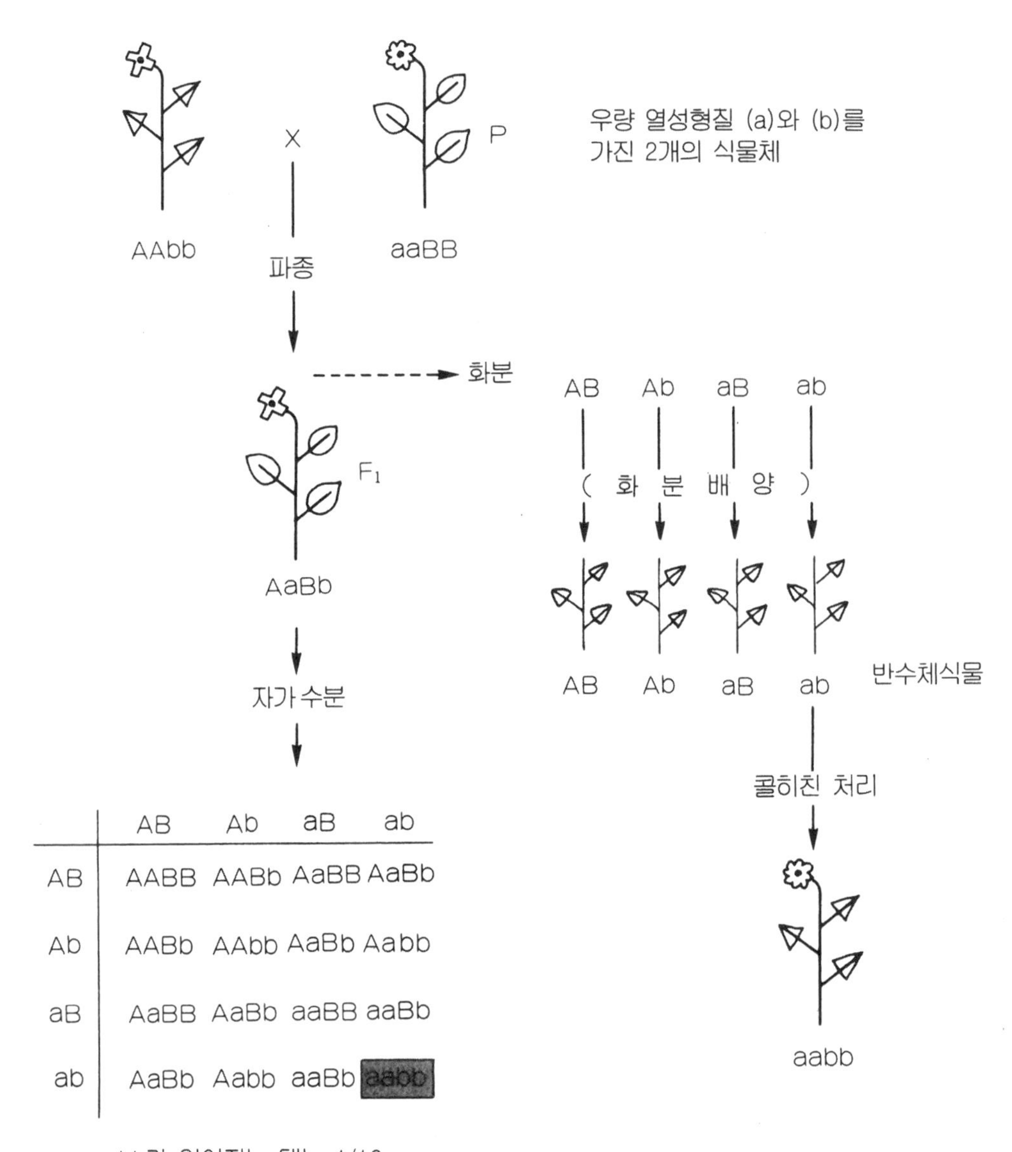

	AB	Ab	aB	ab
AB	AABB	AABb	AaBB	AaBb
Ab	AABb	AAbb	AaBb	Aabb
aB	AaBB	AaBb	aaBB	aaBb
ab	AaBb	Aabb	aaBb	aabb

(a) 종전의 교잡법에 의한 생산

(b) 화분배양에 의한 생산

그림 1.21 우량 열성형질을 가진 호모순계의 생산

화분의 배양은 화분을 싸고 있는 약상태로 배양하는 경우가 많다. 1964년에 인도의 Guha와 Raheshwari가 흰독말풀의 약배양을 시작하여 성공했고, 1967년에는 나카타(中田)와 다나카(田中)가 담배로 성공했다. 그 뒤 벼(1968), 보리(1970), 양배추(1970)로 계속 이어졌다(표 1.6).

표 1.6 약 · 화분배양한 식물

명아주과	사탕무
꼭두서니과	커피
십자화과	유채, 양배추, 배추
벼과	벼, 보리, 밀, 사탕수수, 옥수수, 호밀
국화과	해바라기
뽕나무과	고무
가지과	고구마, 담배, 토마토, 가지, 페츄니아
장미과	딸기, 사과
포도과	포도
백합과	아스파라거스, 백합

반수체식물의 생산은 미수정된 배주를 배양해도 가능하다. 봉오리에서 배주를 무균상태로 끄집어내 배양하는데, 배주 속의 반수성 난세포보다 그것을 둘러싸고 있는 체세포 부분이 많기 때문에 반수체식물의 비율이 낮다. 그러나 약 · 화분배양으로는 성공률이 낮은 식물(예를 들면 옥수수), 알비노 개체가 많이 나타나는 식물(벼) 또는 이수체(異數體)가 많아지는 식물(페츄니아) 등에서 미수정 배주배양은 효과적인 기술이다.

최근에는 꽤 많은 수의 식물의 반수체를 얻을 수 있게 되어 본격적으로 종자를 키우는 데 이용되고 있다. 그 중 중국에서 하고 있는 벼의 신품종 개발과 파라고무의 품종 개량이 유명하다.

또 약배양 과정에서 변이원을 작용시키기도 하고 환경 스트레스를 주어 내성주(耐性株)를 얻는 것도 이루어지고 있다. 그리고 내염성 벼와 내제초제성 감자가 만들어지고 있다.

아스파라거스는 자웅이주 식물인데 식용으로 되는 부분은 주로 웅주이므로 웅주만을 대량으로 재배하는 것이 좋다. 그러나 종자를 뿌리고 키워서 꽃이 필 때까지는 웅주와 자주를 구별할 수 없다. 아스파라거스의 성 결정은 XY형으로 웅(雄)의 염색체 조성은 XY이고, 자(雌)의 조성은 XX이다.

따라서, 화분에는 X염색체를 가지는 것과 Y염색체를 가지는 것이 반씩 존재하고, 난세포는 모두 X염색체를 가진다. X염색체를 가지는 화분으로 수정해서 생긴 종자에서는 자주(雌株)가, Y염색체의 화분으로 수정해서 생긴 종자에서는 웅주(雄株)가 자란다(그림 1.22).

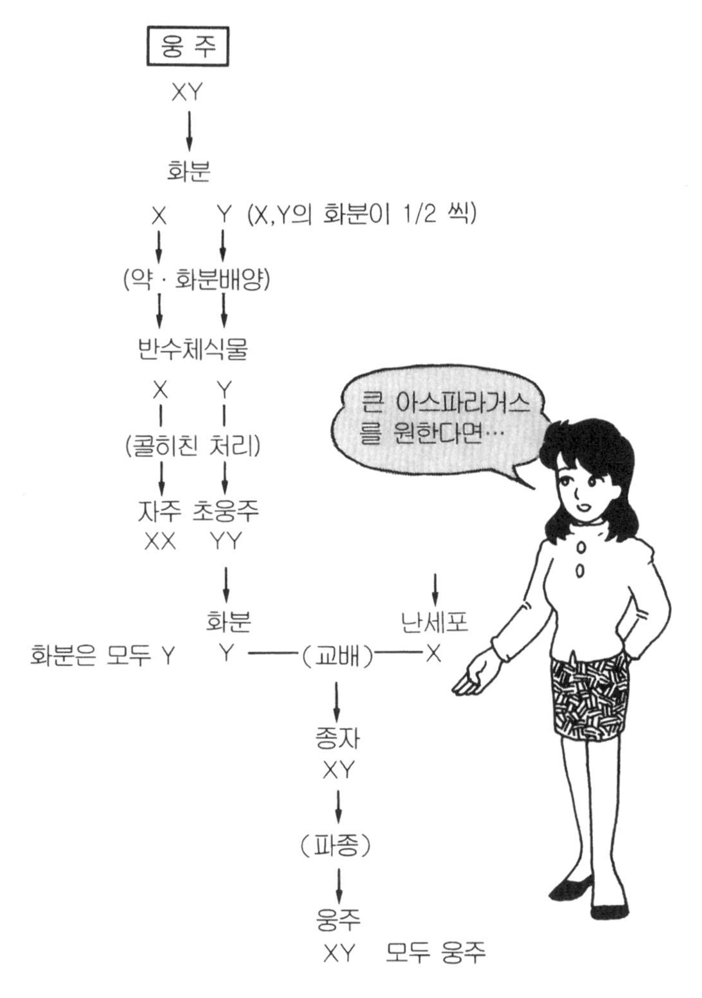

그림 1.22 웅주의 아스파라거스 씨를 얻는 방법

거기에서 Y염색체를 가진 화분에서 육성한 염색체를 가지게 되는 식물의 성염색체는 YY라 하는 초웅성(超雄性)이 되고 이 식물의 화분은 모두 Y염색체를 갖게 된다. 이 화분을 이용한 교배로 생긴 종자에서의 식물은 모두 웅주가 되며, 이용가치는 상당히 높다.

세포융합-백란과 포마토의 생산

줄기 · 잎 · 캘러스에서 효소액(셀룰라아제, 펙틴아제)에 의해 세포벽을 제거한 원형질체끼리 적당한 방법으로 처리해 융합시킴으로써 잡종식물을 만들어 낼 수 있다.

융합시킨 원형질체를 배양해 식물체에 생육시킬 때 중요한 것은 목적으로 하는 잡종을 배양의 초기 단계에서 어떻게 선발할 것인가 하는 것이다. 융합은 무질서하게 일어나며 반드시 기대하고 있는 두 종류가 융합하는 것은 아니다. 또 융합하지 않는 원형질체에서의 식물도 있기 때문에 빠른 시기의 선발이 필요하다.

이 선발방법으로는 여러 가지 방법이 있다.

(1) 특정의 약제 내성, 색소 생산능력, 재분화능력 등을 기준으로 해서 선발한다. 예를 들어 두 종류의 담배 식물의 세포융합에 의해 얻어진 잡종은 옥신 생산능력을 가지므로, 옥신을 포함하지 않는 배지에서도 자란다는 것을 제시하고 있다. 이렇게 해서 기대되는 융합이 이루어진 것을 선발할 수 있다.

(2) 융합 직후에 색이나 비중 등을 이용해서 융합한 원형질체를 선발한다. 선발하기 위해서는 마이크로머니퓰레이터나 셀소터 등이 사용된다.

세포융합에 의해 실제로 교배할 수 없는 원연(遠緣)식물간에도 교잡이 가능하게 되어 인위적으로 유용한 형질을 도입한 잡종식물을 만들 수도 있게 되었다.

1978년에 Melchers는 토마토에 감자의 내한성(耐寒性)을 부여하기 위해 세포융합에 의해 속간잡종의 포마토를 만들어 냈다. 이 식물은 실제 사용되지는 않았지만 지상부(줄기)에는 작은 과실을, 지하부(뿌리)에는 작은 괴경을 달아서, 이 기술의 유용성을 널리 알리는 데 도움이 되었다. 또 양배추($2n=18$)와 배추($2n=$

20)의 세포융합에 의해 만들어진 잡종($2n=38$)은 임성이 있는 종자를 만들었다. 이것이 새로운 채소인 백란으로 양배추의 영양과 배추의 부드러움을 갖고 있으며 생식(生食)·김치에 적당하고 결구성이 좋다.

대량번식(마이크로프로퍼게이션)

1개의 식물세포에서 완전한 식물체를 재생하는 능력(전능력)을 1958년에 스튜어드는 당근을 이용하여 증명했다. 이에 편승해서 난의 생장점배양으로 형성된 세포 덩어리(프로토콤)를 작게 잘라 배양할 경우, 식물체를 다수 재생하는 것을 알았다.

여럿으로 나뉘어진 경정(莖頂)에서 식물이 재생하는 성질은 백합, 안개꽃, 사과, 포도 등에서 볼 수 있었으며, 이것은 급속 대량번식법으로 이용되고 있다.

또 캘러스는 적당한 조건을 부여하면, 수정란 발생의 경우와 같이 배의 발생을 일으킨다. 이것은 구상(球狀)배, 심장형배, 어뢰(魚雷)배의 순서로 발달한다. 어뢰배는 자엽, 배축, 어린 뿌리를 갖추고 있고 종자의 발아배와 같이 하나의 어린 식물이 된다.

따라서 인위적으로 부정배를 유도, 인공적인 종자로 실용화시키고 있다. 이렇게 자란 식물은 모두 같은 형질을 가지고, 품질이 갖춰진 클론(복제)이며, 그 점에서도 유용한 기술이다.

유전자 재조합

교잡육종이나 세포융합에 의해 새로운 잡종을 만들어 내는 것에 비해 기대되는 유전자만을 도입하는 유전자 재조합은 확률이 좋은 새로운 식물의 생산법이다.

유전자 재조합기술은 미생물이나 동물에서 먼저 이루어졌었고 식물에 있어서는 꽤 늦어 1980년에 들어 개발되었다. 이것은 원형질체의 연구가 진행되고 우수한 벡터를 이용할 수 있게 되었기 때문이다(1983).

옛날부터 식물 종양, 즉 크라운 골(crown gall)을 발생하는 것으로 알려져 있던 애그로박테리아(*Agrobacterium tumefasciens*)의 작은 DNA(Ti-플라스미드)가 벡터로서 개발되었다. 이 박테리아를 식물에 접종하면, 접종한 부위에 종양이 생길 뿐 아니라 그 윗부분에도 2차적으로 종양이 생기지만, 이 종양 속에서는 박테리아를 볼 수 없다.

연구가 진행되어 1977년 Ti-플라스미드에는 종양을 일으키는 유전자와 식물 호르몬을 생산하는 유전자를 포함하고 있고, 이들 유전자가 식물세포 핵의 DNA에 삽입되어 식물세포의 분열과 함께 복제되어 간다는 것이 밝혀졌다. 그리고 Ti-플라스미드를 주입한 세포는 식물 호르몬을 생산하는 유전자를 만들어 내는 과잉 식물 호르몬에 의해 **종양화**된다는 것을 알았다.

유전자공학 기술을 통해 기대하는 유전자가 추가된 Ti-플라스미드를 애그로박테리아로 되돌리고, 이것을 원형질체에 감염시키면 식물세포에 외래 유전자가 도입되는 경우가 있다.

이 때부터 식물체가 재생되면, 형질전환식물 — **트랜스제닉 식물**이 만들어질 것으로 기대된다. 이에 담배나 토마토에 대해서는 제초제 내성 유전자가 도입되어 실용화되고 있고(1985, 1987), 반딧불의 발광 유전자가 도입된 담배도 출하되고 있다(1986).

동결보존

식물조직배양법이 펼친 새로운 응용분야에는 식물조직의 동결보존이 있다. 동물은 정자와 난자의 동결보존이 널리 행해져 인공생식법 중에서 실용화되고 있다. 종자의 저온보존은 이미 실용화되어 있지만, 수년간 발아능력이 저하되므로 해마다 밭에 뿌려서 새로운 종자를 얻을 필요가 있다.

식물조직의 동결시에는 얼음 결정이 생겨서 세포를 해칠 위험이 있으므로 적당한 전처리와 동결 방어제, 그리고 상온에서 초저온(−196℃)까지 온도를 낮추는 하강 속도에 대해서 연구가 이루어지고 있다. 또한 동결의 방법도 중요하다.

1.4 조직배양의 문제점

식물조직배양은 큰 가능성을 가진 기술이지만 문제점도 지적되고 있다. 그 중에서 무시할 수 없는 것은 세포의 변이성과 분화능력의 소실이다.

세포의 변이성

식물 세포는 인공적인 환경으로 이동되어 생체 중에서의 안정과 조절이 어려워지면 게놈이상을 나타내는 경우가 있다.

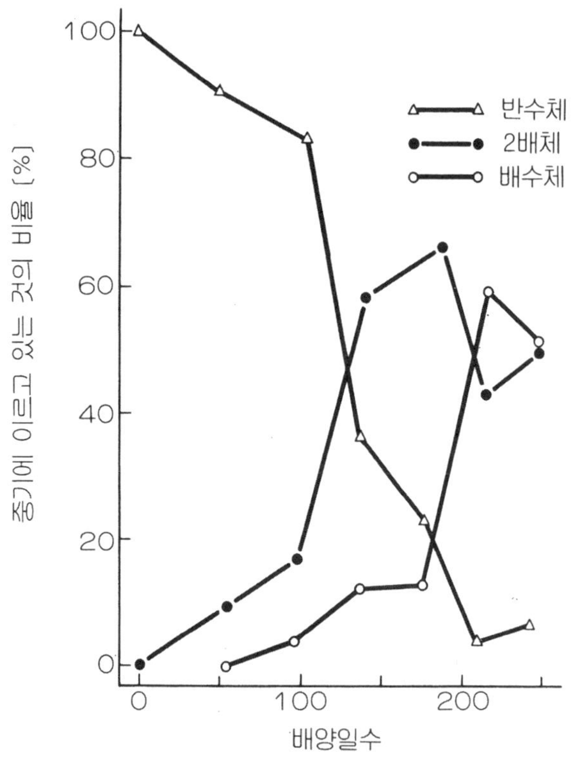

2, 4-D를 포함한 MS 배지에서 생장시켜 35일 간격으로 계속 심은 *Nicotiana sylvestris* 배양

그림 1.23 배양을 시작해서부터의 기간과 염색체수의 변화
(M.W. Bayliss 1980[3])

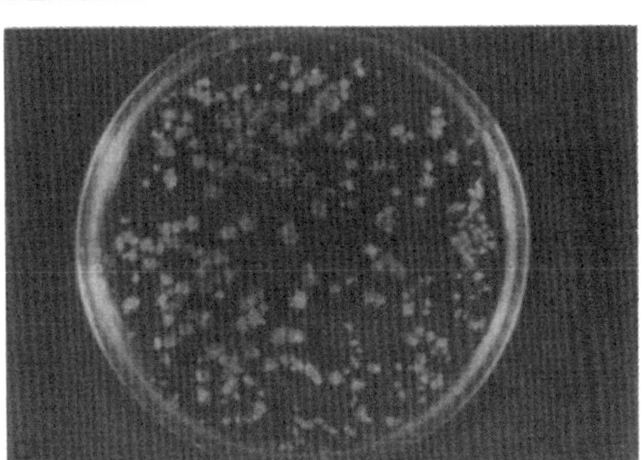

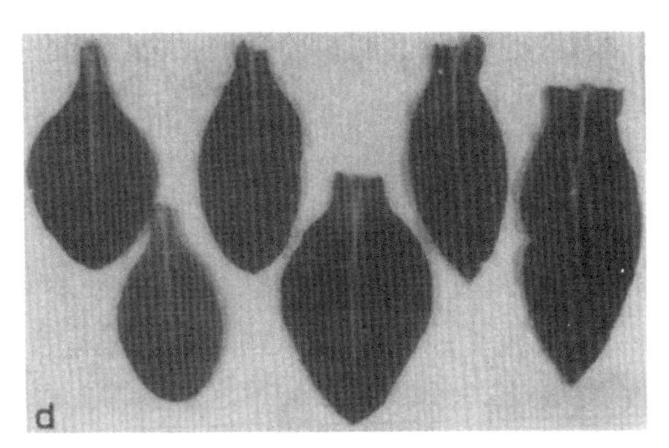

(a) (b). 이들 타입의 캘러스로부터 재생된 식물로 농작물의 키, 나무의 형태, 개화기, 잎의 형태 (a) (b)와 (d)에 대해서 넓은 범위의 소마클론 변이가 인정된다.

그림 1.24 ***N.tabacum*** **cv. Smyrna 한 장의 잎에서 얻는 원형질체에 유래하는 프로토클론(c)으로부터 재생한 식물체 (Mantell 외, 1987[1])**

식물의 체세포는 기본적으로 그 식물 고유의 염색체수를 가지고 있지만, 어떤 조직의 세포에서는 발생의 과정에서 이수성(異數性)이 나타나는 경우도 있다. 만약 이러한 세포가 이식편에 존재하면 배양세포의 염색체 변동이 나타난다. 또 배양을 위해 이식편을 잘라내고 표면의 살균 때문에 받을 손상이나 그 외 생리적인 스트레스로 인해 배양세포에 염색체 이상을 발생한다.

또 2, 4-D나 NAA와 같은 합성 옥신을 생장조절물질로서 배지에 첨가하는 것도 변이에 영향을 끼친다고 생각되고 있다. 이러한 호르몬은 세포분열시에 방추체 형성 부전을 만들 가능성이 있기 때문이다.

그림 1.23은 장기간의 조직배양이 염색체수에 어떠한 영향을 미치는가를 나타내고 있다. *Nicotiana sylvestris*의 반수체세포를 35일 간격으로 계속 심어가면 배수체의 비율이 급증하는 것을 알 수 있다. 이러한 염색체수의 변화와 배양세포의 성질 변화 사이에 어떠한 관련이 있는가를 알아보고 있다.

당초 세포는 증식을 위해 식물 호르몬이 배지에 존재할 것을 요구하지만 계대배양을 계속하면 더 이상의 추가를 필요로 하지 않는다. 이것을 **순화**라고 하는데, 배양세포는 식물 호르몬에 대해 요구성을 잃어버리는 것이 아니라 충분한 양의 호르몬을 생산하는 능력을 획득하는 것이다. 이것은 염색체수의 변화와 식물 호르몬의 합성 능력간에 어떠한 관계가 있다는 것을 시사하고 있다(그림 1.24).

분화능력의 소실

계대배양을 계속할수록 분화능력은 점차 저하된다. 당근의 뿌리에서의 캘러스에서는 약 1년, 완두콩 뿌리에서는 2년 반, 담배 뿌리에서는 1년 반으로, 뿌리를 분화하지 않게 된다는 보고가 있다. 원인에 대해서는 잘 알 수 없지만 염색체수의 변화와 관계가 있을지도 모른다.

식물조직배양의 기초

2.1 캘러스의 유도

식물의 배양세포를 얻기 위한 첫번째 방법은 여러 가지 식물의 외식체(explant)에서 캘러스(callus)를 유도하는 것이다. 멸균한 외식체를 식물 호르몬과 여러 가지의 영양분을 포함한 배지에 치상하여 배양하면, 몇 주 사이에 외식체의 단면 또는 표면에서 부정형의 탈분화한 세포의 덩어리, 즉 캘러스가 생긴다. 캘러스 유도 실험의 중요한 포인트는 캘러스 유도를 위해 적합한 무균의 외식체를 얻는 것과 캘러스 유도에 적합한 배지와 식물 호르몬의 조건을 정하는 것이다(그림 2.1).

식물재료의 선택

캘러스의 유도에 이용하는 식물재료의 선택은, 말할 것도 없이 그 목적에 따라 다르다. 그러나 캘러스 유도의 성공여부는 어떤 재료를 선택하는가에 따라 좌우되는 경우가 많다. 일반적으로 어린 분열조직을 포함한 외식체에서는 캘러스를 얻기 쉽지만 노화가 진행된 목본류(木本類)나 저장기관에서의 캘러스 유도는 매우 어렵다(표 2.1). 또한 이들 식물체 자체가 가진 특징 외에 식물재료의 멸균이 어려운 것도 중요한 요인의 하나이다. 처음에 시도할 때 실패가 많은 것은 무균처리가 잘 되지 않기 때문인 경우가 많고, 외식체를 치상한 페트리 접시나 플라스크가 곰팡이 투성이로 되어 버려서 실망해 버리는 일이 종종 일어난다.

다음으로, 캘러스 유도가 비교적 용이한 재료와 멸균방법에 대해서 기술한다.

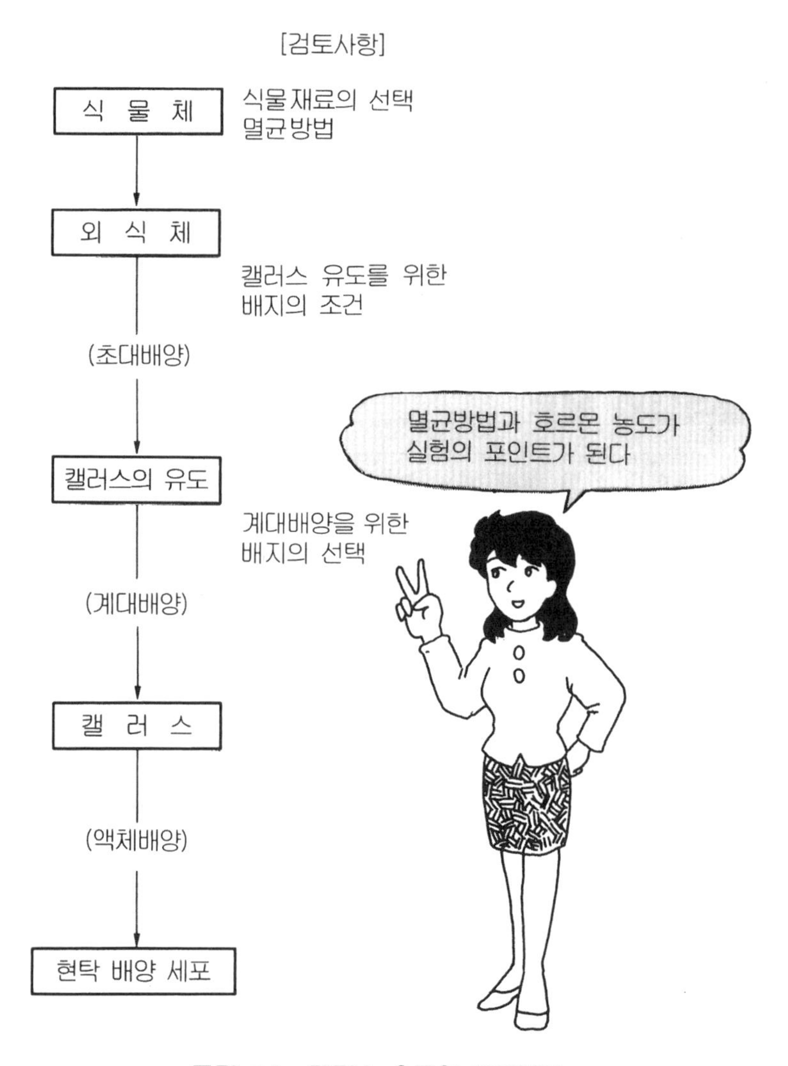

그림 2.1 캘러스 유도의 프로젝트

표 2.1 캘러스 유도에 의해 사용되는 재료

기 관	대표적인 예
발아된 종자의 배축, 어린뿌리, 자엽 등	일일초, 대두 등 대부분의 식물
줄기의 유조직	담배, 해바라기
뿌리, 덩이줄기	당근, 돼지감자

종자 마른 종자는 멸균처리가 간단하고, 무균적으로 발아시켜 싹을 틔운 것에는 어린 분열조직이 있기 때문에, 캘러스 유도에 가장 적합한 재료가 된다. 일반적으로는 중간정도 크기의 종자(무 부터 팥 정도까지)로 종자의 껍질이 단단한 것은 멸균이 용이하고 발아율도 좋아 처음하는 사람이라도 쉽게 재료로 사용할 수 있다.

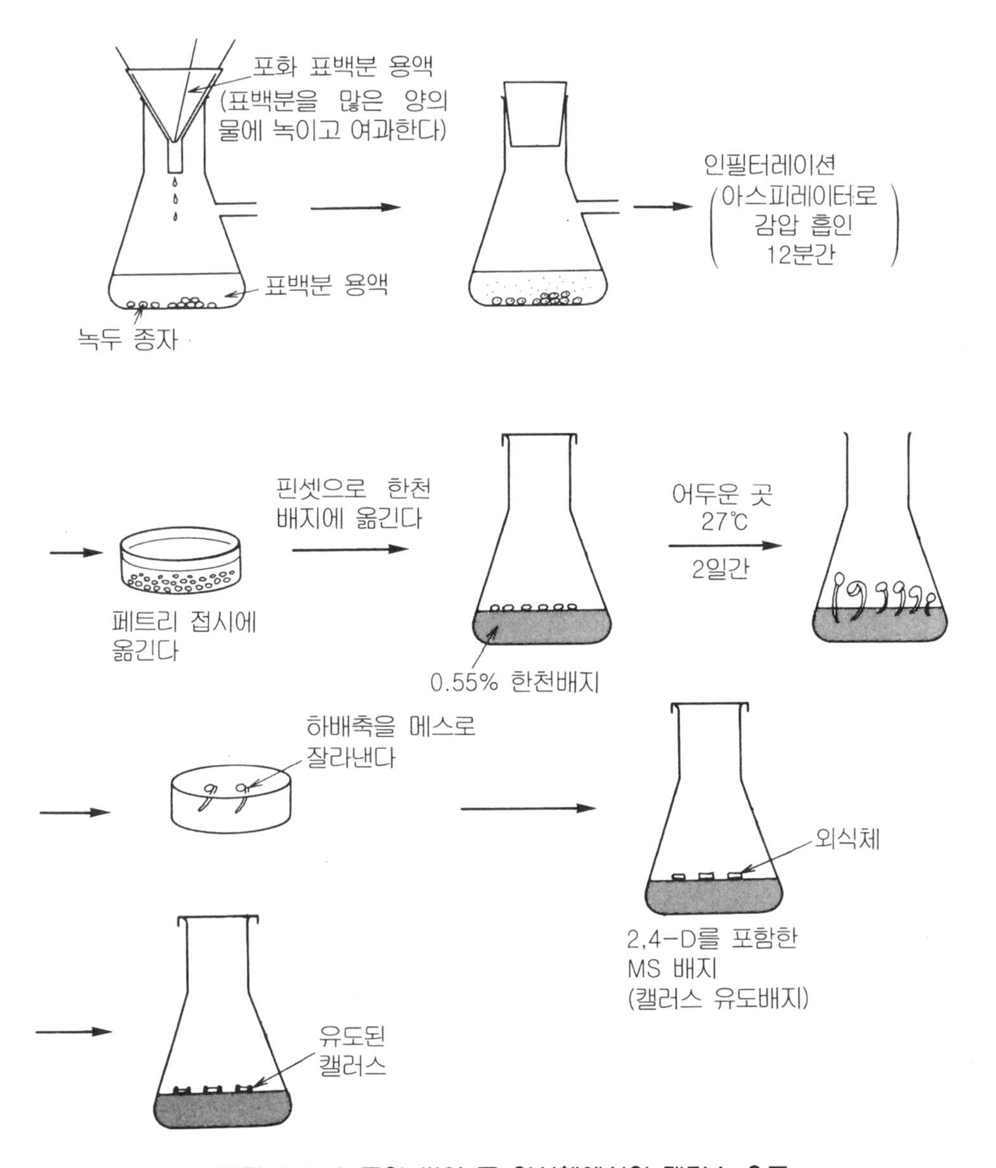

그림 2.2 녹두의 싹이 튼 외식체에서의 캘러스 유도

완두콩은 곰팡이가 생기기 쉽고, 땅콩, 누에콩 등은 발아의 시기가 일치하지 않아 균일한 재료를 얻기 힘들다.

너무 작거나 껍질이 약한 종자는 무균조작이 어렵고, 잡균을 죽이는 조건하에서는 종자도 못쓰게 되는 경우가 많다. 종자의 멸균은 다음과 같은 조작에 의해서 시행한다. 그러나 가능한 한 조작을 간단히 해서 불필요한 단계를 빼는 것이 좋다.

(1) 균일한 종자를 선택해서 99% 에탄올에 10초간 담근다.

(2) 멸균 증류수로 잘 씻는다.

(3) 차아염소산나트륨(유효염소 약 1%)에 15분간 담근다.

(4) 멸균 증류수를 3~4개의 비커에 넣고, 종자를 순서대로 옮겨서 잘 씻는다.

(5) 직접 캘러스 유도배지를 포함한 한천배지에 옮기거나 아무 것도 포함되어 있지 않은 한천배지 또는 거름종이 위에서 발아시켜, 싹이 튼 한 부분을 메스로 잘라내서 캘러스 유도배지에 심는다.

녹두와 같이 딱딱한 종자의 경우는 포화된 표백분에 10분간 담그는 방법이 좋다(**그림 2.2**).

표면이 까칠까칠한 종자나 왁스를 가진 종자의 경우는 계면활성화제(Tween 20, Teepol 등)를 소량 첨가하거나, 감압기에 의해 인필터레이션(그림 2.2 참조) 시키면 효과가 있다.

줄기 · 뿌리 잘라낸 줄기 · 뿌리는 우선 수돗물로 잘 씻고, 99% 에탄올에 10초간 담근 후에 차아염소산나트륨 용액에 약 20분간 담그고, 멸균한 메스(scalpel)로 양쪽 끝을 제거한 후 5~10 mm 정도의 작은 조각으로 만든다. 멸균 증류수가 담긴 비커를 몇 개 배열하고 순서대로 작은 조각을 옮겨 잘 씻어서 멸균한 거름종이의 사이에 끼워 수분을 뺀 후 캘러스 유도용 한천배지에 심는다.

저장조직 바이러스, 곰팡이 등에 감염되지 않은 신선하고 튼튼한 기관을 골라서 수돗물에 잘 씻는다. 당근같이 큰 형태의 것은 **그림 2.3**과 같이 표피를 벗기고 불필요한 부분을 잘라낸 후 차아염소산나트륨 용액에 담그고, 용액 속에서 cork borer를 이용해서 실린더를 뚫는다.

그리고 나서 메스로 두께 5 mm 정도의 디스크를 잘라낸다. 탈색된 부분은 세포가 죽어 있는 것이므로 버린다. 이 방법은 복잡한 것처럼 보이지만 성공률은 높다. 당근의 경우 밭에서 동결시키거나 방치한 상태로 오래 놓아두었던 것은 잡균이나 곰팡이가 달라붙어 실패하기 쉽다.

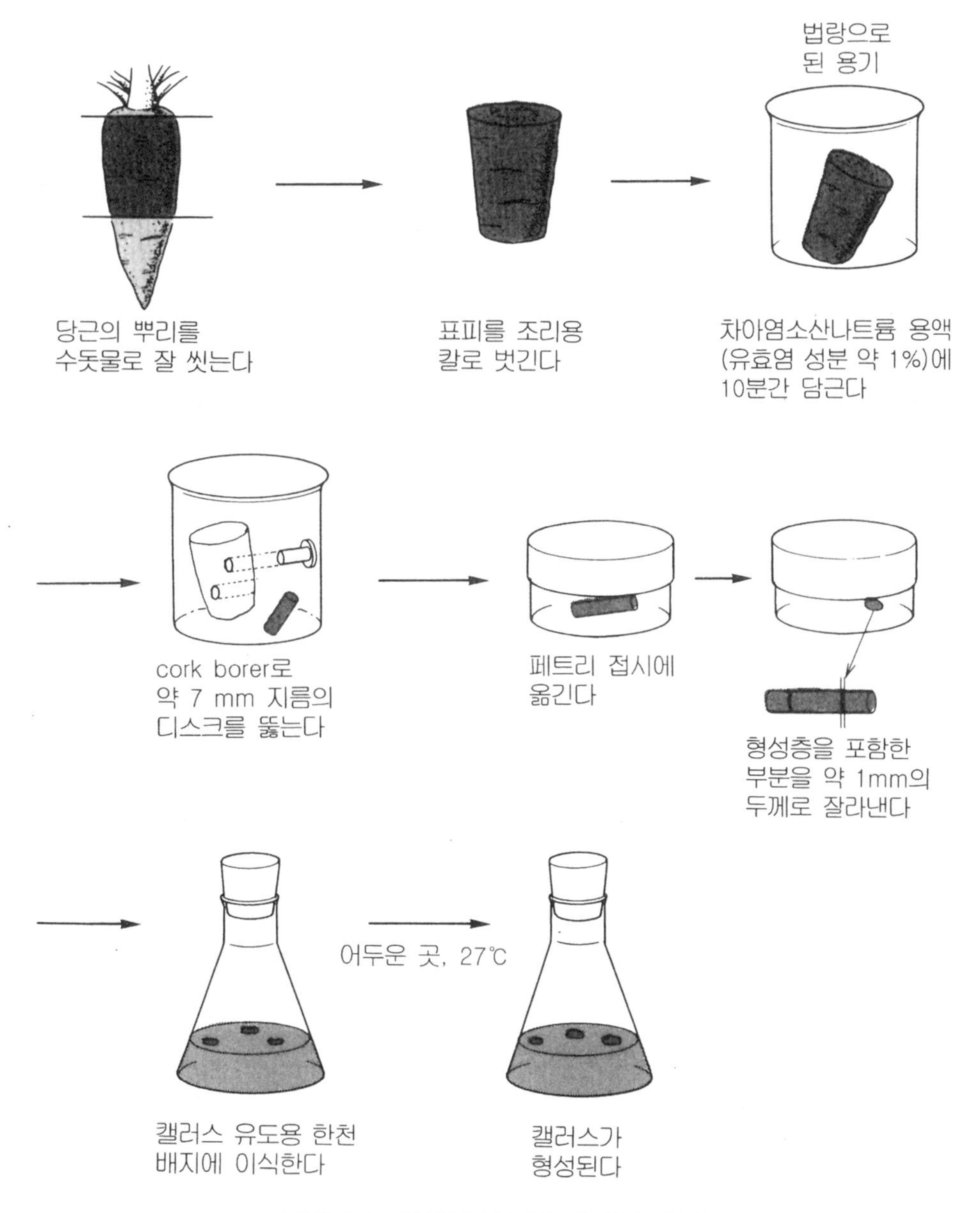

그림 2.3 저장기관에서의 캘러스 유도

배지의 선택

위와 같은 방법으로 멸균 처리가 끝난 외식체는 적당한 배지 위에 옮겨 캘러스의 유도를 실험할 수 있는 것이 된다. 이 때 이용되었던 배지는 특수한 것이 아니고, 이후 기술할 계대배양을 위한 배지가 사용되는 일이 많다. 그러나 호르몬의 조건은 캘러스 유도의 경우와 계대배양의 경우가 다른 것이 많다. 여기서는 우선 식물조직배양에 이용되는 배지와 그 조제법에 관해서 기술한다.

표 2.2 식물조직배양에 잘 쓰이는 배지

배지 이름	특 징
Murashige-Skoog 배지[4] (MS 배지)	담배의 조직배양을 위하여 1962년에 발표된 배지. 시판품이 나와있고, 가격이 싸기 때문에 널리 사용되고 있다. 질소 성분이 NH_4NO_3, KNO_3의 형으로 다량 함유되어 있다.
Linsmaier-Skoog 배지[5] (LS 배지)	위의 MS 배지를 보다 간략하게 한 배지. 유기물로서 티아민과 미오이노시톨을 함유. MS 배지로서 시판되고 있는 경우도 있다.
Gamborg의 B5 배지[6]	O.L.Gamborg 등에 의해서 콩의 현탁세포를 위해 개발되어 1968년에 발표된 것. MS 배지와 비교해 암모늄태 질소 함량이 낮음. 원형질체의 기본배지로서 사용되고 있다.
White 배지[7]	토마토의 분리근용으로 개발된 배지. 캘러스와 현탁배양세포에도 사용되고 있으나 다른 배지와 비교해서 N, P, K 함량이 적고 증식이 늦다.

4) Murashige and Skoog, 1962
5) Linsmaier and Skoog, 1965
6) Gamborg 외, 1968
7) White, 1963

표 2.2에 식물의 조직배양에 잘 이용되는 표준배지를 기술하였다. 이들 배지는 1960년대에 완성된 것이지만, 이후 이와 같은 결정적인 배지는 고안되지 않았기 때문에 이들 배지나 일부의 것을 개조한 배지가 현재 빈번히 이용되고 있다.

표 2.3 MS 배지의 제조방법(Dixon, 1985[8])

성 분	최종 농도	보관용액의 농도(mg/l)	보관용액의 사용량(ml)*	보관 농도의 저장
Ⅰ. 주요 무기 영양 성분				
NH_4NO_3	20.6 mM	33000		
KNO_3	18.8	38000		
$CaCl_2$, $2H_2O$	3.0	8800	50	+4℃
$MgSO_4$, $7H_2O$	1.5	7400		
KH_2PO_4	1.25	3400		
Ⅱ. 미량 성분				
KI	5 μM	166		
H_3BO_3	100	1240		
$MnSO_4$, $4H_2O$	10	4460		
$ZnSO_4$, $7H_2O$	3	1720	5	+4℃
Na_2MoO_4, $2H_2O$	1	50		
$CuSO_4$, $5H_2O$	0.1	5		
$CoCl_2$, $6H_2O$	0.1	5		
Ⅲ. 철 성분				
$FeSO_4$, $7H_2O$	100 μM	5560	5	+4℃
NaEDTA, $2H_2O$	100	7460		
Ⅳ. 유기 영양 성분				
미오이노시톨	490 μM	20000		
니코틴산	4.66	100		−20℃
피리독신−HCl	2.40	100	5	(5 ml씩 나누어서 저장)
티아민−HCl	0.30	100		
글리신	30.0	400		
Ⅴ. 탄소원				
수크로오스	88.0 mM	−	고체상태로 더한다(30g/l)	

* 1l의 배지를 만들 때의 사용량

이들 배지는 많은 회사에서 판매되고 있어서 예전과 같이 배지를 만들기 위해 시간을 들이지 않게 되었다. 시판하는 배지에는 식물 호르몬과 탄소원이 포함되어 있지 않은 것이 많기 때문에 시판하는 분말을 증류수에 녹인 후에 적당량을 더해서 pH를 조정한 후 메스 업 한다.

표 2.3에 Murashige · Skoog 배지의 조성을 나타냈다. 이 배지는 여섯 가지 성분의 그룹으로 이루어진다. 시판 배지를 이용하지 않는 경우에는 각 그룹과 함께 저장액을 만들고, 그 때마다 혼합해서 pH를 조정한 후(5.5~5.7 정도로 한다), 오토클레이브로 멸균한 후 이용한다.

표 2.4에, 식물조직배양에 많이 사용되는 식물 호르몬(식물 생장조절물질)과 배지에 이용하는 경우의 보관용액 제조법을 기술했다. 캘러스 유도를 위해서는, 보통 계대배양(나중에 설명함)할 때보다 고농도의 옥신(1~100 μM)이 들어간 배지를 이용하지만 시토키닌을 동시에 첨가하지 않으면 캘러스화하지 않는 경우도 있다. 캘러스 유도에 가장 적합한 식물 호르몬 농도는 식물의 종류에 따라 다르거나 외식체의 생리적 조건에 따라 다르기 때문에 옥신과 시토키닌의 농도를 변화시켜 최적 조건을 만들어 내야 한다.

지베렐린은 조직배양에 필수적이지는 않지만 생장점배양이나 경정배양의 경우에 사용되는 경우도 있다. 배양에 사용되는 식물 호르몬은 천연으로 존재하지 않고 화학적으로 안정하며 값이 싼 것이 적합하다.

표 2.4 식물조직배양에 잘 이용되는 식물 호르몬

종 류	호르몬명	약호	분자량	최적 농도 (μM)	저장용액
옥 신	2,4-디클로로페녹시초산 1-나프탈렌초산 p-클로로페녹시초산 3-인돌락산 p-나프톡시초산 인돌-3-초산	2,4-D NAA PCPA IBA NOA IAA	221 186 187 203 202 175	0.1~10 0.1~10 0.1~10 0.1~10 0.1~10 0.1~10	1mM 용액을 만들어 찬 곳에 보존. 소량의 0.5N NaOH에 가열용해 후, 메스 업한다(Na염을 구입하면 물에 즉시 녹인다). IAA는 빛에 비교적 잘 분해되므로 주의를 요한다.
시토키닌	6-벤질아미노푸린 키네틴 N-이소펜테닐아미노푸린 제아틴	BAP K 2-ip Zea	225 215 203 219	0.1~10 0.1~10 0.1~10 0.1~10	1mM 용액을 만들어 냉동 보존. 소량의 0.5N HCl에 가열용해 후, 메스 업을 한다. 제아틴은 오토클레이브 불가
지베렐린	지베렐린산	GA_3	346	0.1~5	물에 잘 녹는다. 오토클레이브 불가

키네틴 농도 (μM)

2,4-D 농도 (μM) \ 키네틴	0	0.5	2.5	5	10
0	−	−	−	−	−
0.5	−	+	−	−	−
2.5	++	+++	++	+	−
5	+	++	++	+	−
10	−	−	−	−	−

식물의 외식체를 위와 같이 구성된 호르몬을 포함한 기본배지(예를 들면 MS 배지)에 이식해, 캘러스 유도를 조절한다.

그림 2.4 지적 호르몬 농도를 실험적으로 조절하는 방법

IAA와 같은 천연옥신은 세포 내에서 IAA옥시다아제에 의해 산화되고 분해되어 버리는 경우가 있다. 지적 호르몬 농도를 실험적으로 조절한 방법의 예를 그림 2.4에 나타냈다.

2.2 캘러스의 계대배양

외식체를 캘러스 유도배지에 이식한 지 약 1개월 정도 배양하면 계대배양에 사용할 수 있을 정도의 양의 캘러스가 형성된다(그림 2.5).

생성한 캘러스를 메스로 잘라내어 계대배양용 한천배지에 옮긴다. 계대배양을 위한 배지는 캘러스 유도를 위한 배지와 동일한 것을 이용하지만 옥신 농도를 조금 내리는 방법이 좋은 경우가 많다. 캘러스의 증식은 배지 성분 이외에 배양 온도, 빛의 조도와 질, 산소와 이산화탄소의 농도, 또한 캘러스 자체에서 생성되는 물질과 가스의 영향을 받는다. 그러므로 배양용기의 크기와 형태, 이식하는 캘러스의 양과 수를 일정하게 하지 않으면 재현성이 있는 결과를 얻을 수 없게 된다. 외식체에서 생성된 캘러스를 배지에 옮긴 후 약 3주 동안 잘 자란다면 캘러스는 15~30배로 증식될 것이다(표 2.5).

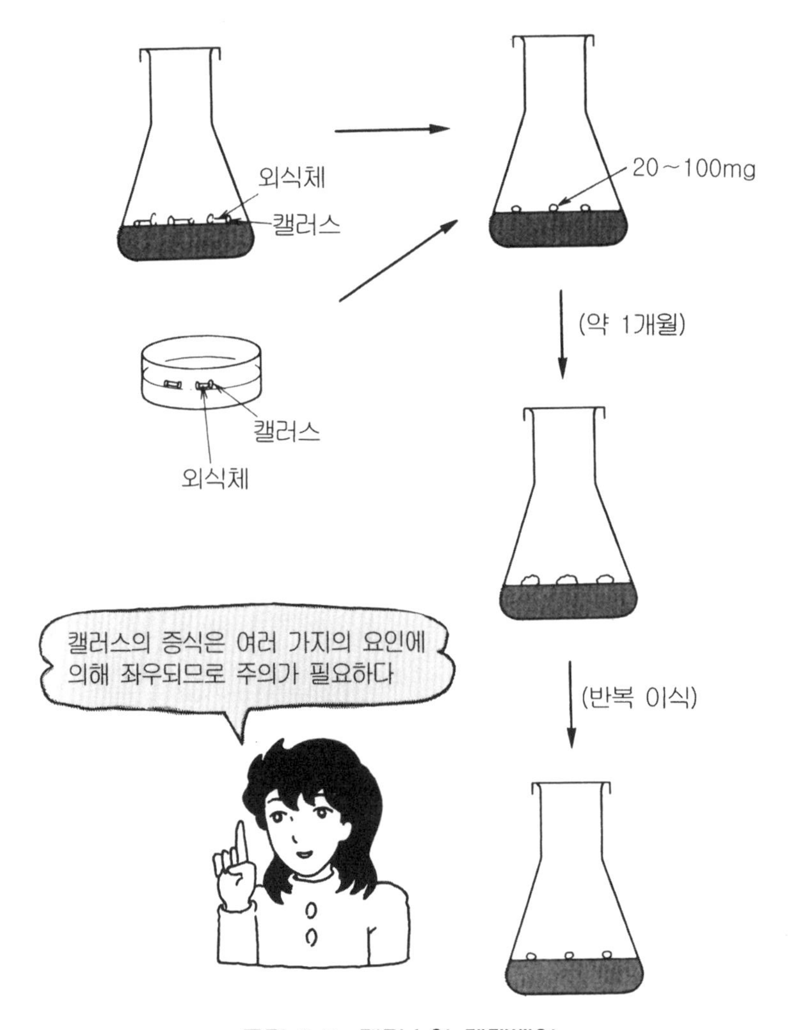

그림 2.5 캘러스의 계대배양

표 2.5 각종 캘러스의 증식속도(Dixon, 1985[8] 변경)

캘러스 조각을 이식한 지 3주 후의 증가율(면적으로 계산)

종	증가율
담배(*Nicotiana tobacum*)	30
목화(*Gossypium hirsutum*)	30
대두(*Glycine max*)	30
땅콩(*Arachis hypogaea*)	30
토마토(*Lycopersicon eseulentum*)	30
서양 국화수리취(*Phytolacce americana*)	30
당근(*Daucus carota*)	30
포도(*Vitis vinifera*)	15
강낭콩(*Phoseolus vulgaris*)	15
미국자리공(*Medicago sativa*)	15
단풍나무(*Acer pseudoplatanus*)	15
파슬리(*Petroselinum hortense*)	8
잠두(*Vicia faba*)	4
완두(*Pisum sativum*)	4
하블로팝스(*Haplopappus gracilis*)	2

캘러스는 형태가 없이 탈분화하는 세포 덩어리이지만 결코 균일한 것이 아니며 번성기에 세포 분열하고 있는 분열중심(캘러스 덩어리의 외층에 있는 경우가 많다)과 액포가 발달한 **유조직**(柔組織)으로 되어 있다. 분열중심을 포함하는 부분, 즉 색이 엷고 윤기 있는 신선한 부분만을 핀셋으로 잡아내어 새로운 배지에 옮겨 계대배양을 시작한다. 약 1개월마다 같은 모양의 캘러스 중 어린 부분을 계속적으로 이식함에 따라 그 식물의 캘러스배양계가 확정되어진다. 캘러스는 약 1~2개월마다 걸러 계속 이식하면 무한히 증식되지만 유용한 것이 배양박스에서 유지된다.

2.3 현탁배양

캘러스는 불균일한 세포의 집단으로 증식속도가 늦기 때문에 생리학적 혹은 생화학적 실험에는 부적합하다. 캘러스를 액체배양계에 옮겨 현탁배양세포로서 배양하면 거의 균일한 스테이지로 세포를 증식시킬 수 있게 된다. 또 조건을 엄격히 한다면 세포분열의 동조화도 가능하게 된다. 현탁세포의 배양을 위해서는 진탕배양기와 회전배양기, 자퍼멘터(jarfermentor) 등이 필요하다(그림 2.6).

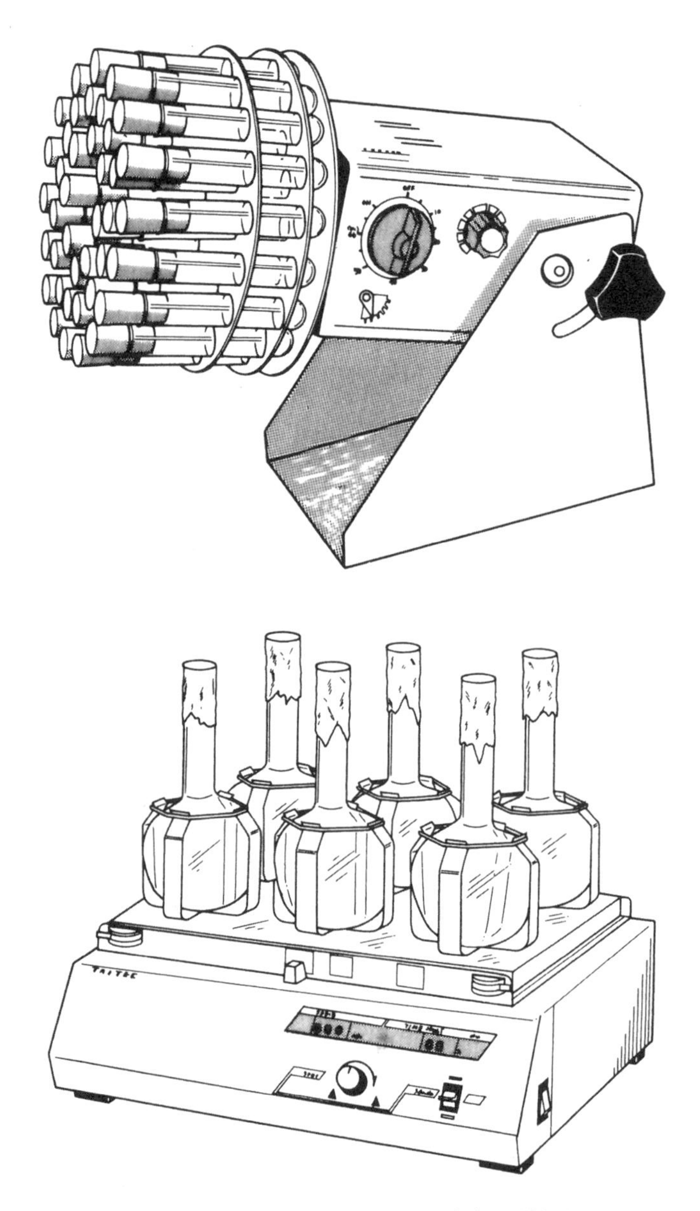

그림 2.6 액체현탁배양에 필요한 배양조

현탁배양의 개시

캘러스에서 현탁배양을 시작할 경우, 캘러스 덩어리를 액체배지에 옮긴다. 이 경우, 캘러스 덩어리가 쉽게 뿔뿔이 흩어지는 세포군으로 되도록 할 필요가 있다.

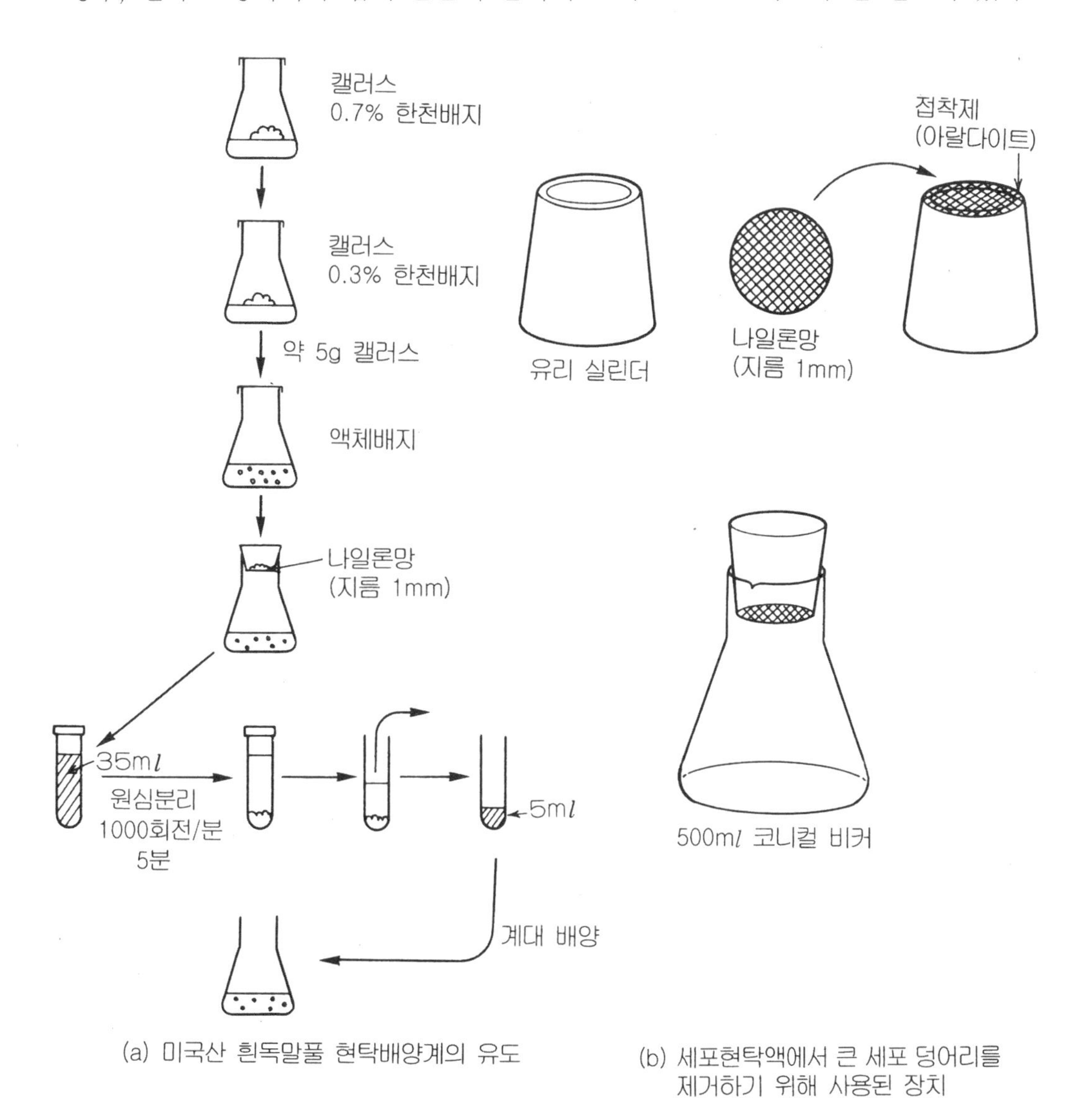

그림 2.7 현탁배양의 개시

딱딱한 캘러스에서는 현탁세포를 얻기 어렵기 때문에 미리 캘러스를 부드러운 (농도가 낮은) 한천배지에서 배양하는 등의 전(前)처리를 해야 한다. 캘러스를 액체배지에 이식할 경우에는 이식하는 캘러스의 양을 많게 하는 것이 좋다. 다음으로 계속적인 이식을 할 때에는 세포간극이 큰 세포군만을 이용하며 단단한 캘러스 덩어리는 없애 버린다. 계대배양을 반복하면서 양이 증가하면 적당한 크기의 나일론망을 이용해서 거의 같은 세포군을 채취하여 보다 균일한 배양세포계가 되도록 한다(그림 2.7).

현탁세포의 계대배양

현탁세포의 배양법에는 **배치(batch)배양**과 **연속배양**이 있다. 배치배양은 회분배양이라 불리며 현탁배양의 기본이 되는 배양법이다. 일반적으로는 삼각 플라스크, 시험관, 반구 플라스크 등을 진탕 장치에 놓아서 배양한다. 배치배양은 캘러스 배양과 기본적으로는 유사하며, 배양액의 조성은 배양시간의 경과에 따라 변화될 수 있다. 배치배양에의 세포증식은 일반적으로 유도기, 대수증식기, 정지기로 나뉘어지는 시그모이드곡선으로 나타난다(**그림 2.8**). 배치배양에 있어서 비증식속도(μ)는 아래와 같이 나타낼 수 있으며 대수증식기에서는 일정하다.

$$\mu = \frac{1}{X}\frac{dx}{dt}$$

x : 세포 농도(g/l)

t : 시간(hr)

평균 세대기간(t_d)은 아래의 식에 나타낼 수 있다.

$$t_d = \frac{ln2}{\mu} = \frac{0.693}{\mu}$$

여러 가지 배양세포의 μ와 t_d 값은 **표 2.6**에서 알 수 있다. 현탁배양세포의 생장은 캘러스보다 빠르기 때문에 1~2주 간격으로 계속 이식할 필요가 있다.

한편, 연속배양의 경우는 배양기(자퍼멘터 등)에 배지를 일정한 비율로서 공급하고 공급되는 양만큼의 배양액을 증식한 세포가 포함된 상태로 배양용기로부터 배출하면서 배양이 장기간 유지된다(그림 2.9).

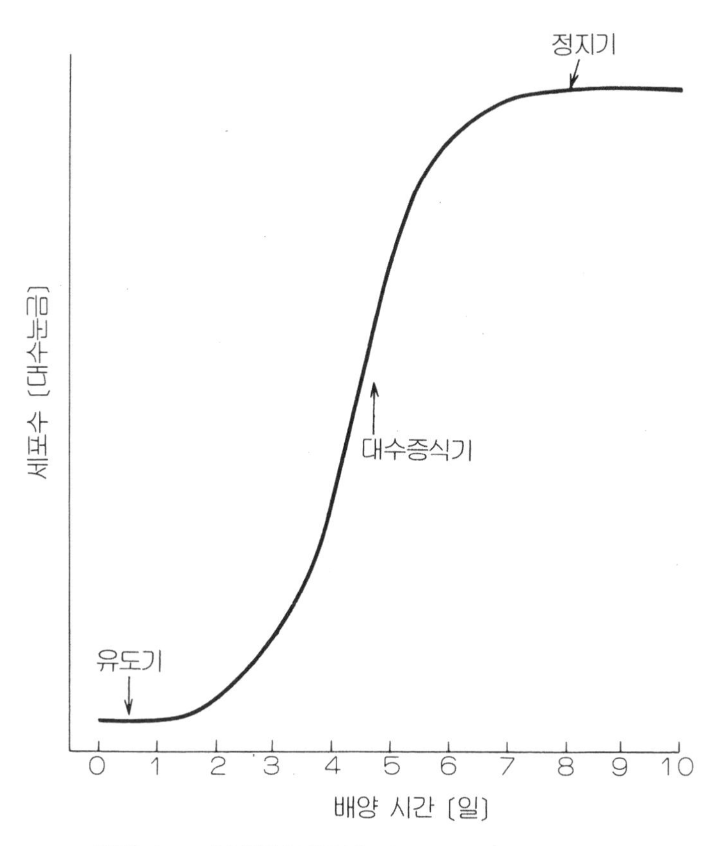

그림 2.8 현탁배양세포의 증식 곡선(batch 배양)

표 2.6 각종 식물의 현탁배양세포의 비증식속도와 평균 세대시간 (山口彦之, 1987[9] 변경)

식 물	비증식속도(hr^{-1})	평균 세대시간(hr)
담배	0.032~0.040	17~22
당근	0.015~0.023	30~45
대두	0.028	25
하플로팝스	0.032	22
단풍나무	0.010~0.014	48~68

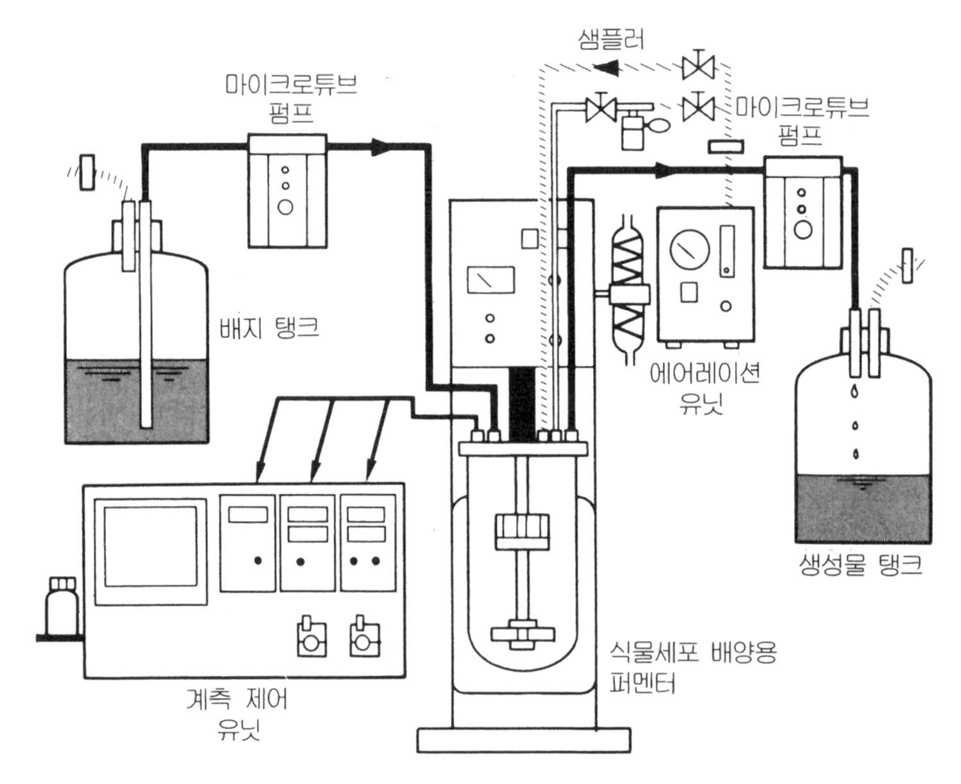

그림 2.9 연속배양장치(東京理化器械(株) 카탈로그)

현탁배양세포 증식의 파라미터 측정

현탁배양세포의 증식은 표 2.7에 제시된 여러 가지 방법을 통해 측정할 수 있다. 이것들의 정량법이 반드시 배양세포에만 적용되는 것은 아니지만 자주 사용되기에 간단히 언급하기로 한다.

세포수 현탁세포는 작은 세포 덩어리로 되어 있기 때문에 그대로 세포수를 측정하기는 어렵다. 일일초의 배양세포의 경우, 미리 셀룰라아제 처리를 해서 세포의 덩어리를 분리시켜 단세포가 되도록 한 후 혈구계산기로 센다. 효소를 이용해서 세포를 흩어지게 하는 방법이 현재 많이 이용되고 있지만 화학적 방법을 취하는 경우도 있다.

예를 들면 2배용의 삼산화크롬 용액에 세포를 묻혀 70℃에서 수분 동안 열을 가한다. 식힌 후 세포 덩어리를 세게 흔들어 뿔뿔이 흩어지게 하고 세포수를 센다.

표 2.7 배양세포 증식의 파라미터

(1) 세포수	(Cell number)
(2) 압축 세포 용량	(Packed cell volume)
(3) 생중량	(Fresh weight)
(4) 건중량	(Dry weight)
(5) 탁도	(Turbidety)
(6) 배지의 전도율	(Medium conductivity)
(7) DNA, RNA 양	(DNA and RNA content)
(8) 단백질량	(Protein content)
(9) 세포 생존율	(Cell viability)
(10) 분열지수	(Mitotic index)

압축 세포량 자동 피펫으로 선단을 잘라낸 칩(chip)을 붙여 일정량(10 m*l*)의 세포 현탁액을 취해 유리로 만든 눈금 스피치관(앞이 뾰족한 원심관)에 옮겨, 200 ×*g* 로 5분간 원심 분리한다. 침전의 체적을 눈금으로 읽어 낸다.

생중량과 건중량 미라크로스를 부흐너 깔때기에 놓고 세포 현탁액을 넣는다. 감압기에서 흡입해 여과한다. 증류수로 배지를 잘 씻어 낸 후에 세포를 여과지 사이에서 수분을 충분히 준다. 칭량병에 넣어 생중량을 구하고 칭량병의 뚜껑을 반정도 열어서 80℃에서 18시간 건조시킨 후 건중량을 측정한다.

탁도 세균의 증식은 세포 현탁액의 흡광도와 비탁도로부터 구하는 경우가 많다. 식물 배양세포의 경우, 세포 덩어리가 너무 커서 측정이 어려운 경우가 많다.

배지의 전도율 배지의 전도율은 세포의 생중량의 역수에 비례한다. 시판되는 전도율 측정계로 측정한다.

DNA · RNA량 Schmidt-Thannhauser-Schneider법을 변형시킨 방법[10)]으로 측정한다.

단백질량 Bradford의 방법[11)]과 Lowry의 방법[12)]이 사용되지만 페놀성 물질이 포함된 경우에는 전자의 방법이 좋다.

세포 생존율 세포의 생존율은 에반스블루, 이초산플루오레세인(FDA), 테트라졸리움염 등에 의한 **생체염색** 방법으로 조사한다. 에반스블루는 상처가 없는 세포에는 반응되지 않는다.

한편, 이초산플루오레세인(FDA)과 테트라졸리움염은 세포의 에스테라아제나 호흡 활성을 검출하기 위해 이용된다.

분열지수 모든 세포 중에 유사분열을 하고 있는 세포의 비율을 %로 나타낸 것

현탁배양세포의 동조배양

현탁배양(batch배양)에서 정상기의 세포를 새로운 배지에 옮기면, 거의 동조적으로 분열이 시작된다. 조건을 엄격하게 하면 세포 주기가 동조화된 세포군을 얻을 수 있다.

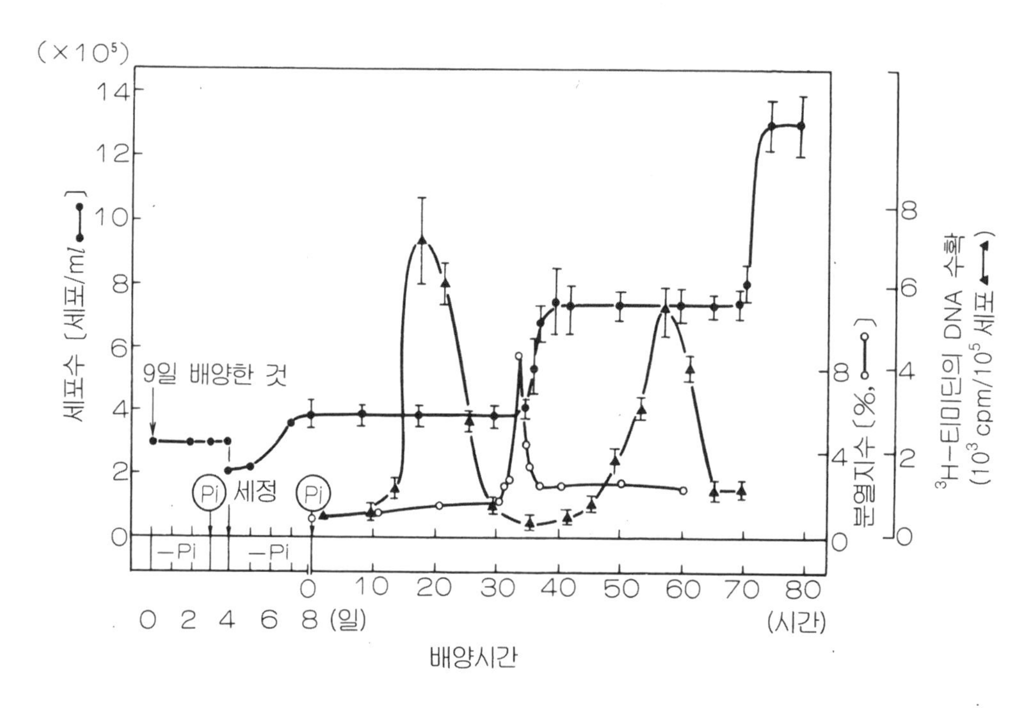

그림 2.10 인산결핍처리에 의한 일일초 현탁세포의 동조배양
(駒嶺 穆, 1990[13])

일일초의 현탁배양세포는 배지 중의 인산결핍처리에 의한 동조화가 가능하다 (그림 2.10).

우선 정지기의 세포를 인산을 함유하지 않은 MS 배지에 옮긴 후 2~3일간 배양하고 세포 내의 인산을 소비시킨 후에 인산을 배지에 첨가하여 약 1일 배양한다. 이때 주어지는 인산의 양은 플라스크 안의 전체 세포가 1회만 분열하는 만큼의 양이다. 약 1일 후 세포를 인산이 포함되지 않은 MS 배지에서 씻고 다시 인산이 포함되지 않은 MS 배지에서 배양한다. 약 3일 동안 세포는 이미 흡수된 인산을 이용해 증식해서 약 2배가 된다.

다시 인산을 첨가하면 동조적 세포분열을 한다. 이러한 **영양결핍처리**에 의한 세포분열의 동조화 외에도 DNA 복제의 **저해제 처리**에 의한 동조화가 있다. 아피디콜린은 DNA 폴리메라아제 α의 저해제이기 때문에 5~20 μg/ml의 농도에서 식물세포의 동조화에 이용된다.

2.4 원형질체

식물세포에서 세포벽을 제거하면 원형질체가 생긴다. 원형질체는 세포융합(2.5절 참조), 외래 유전자의 삽입, 세포내 소기관의 분리 등에 자주 사용된다. 원형질체는 이미 서술한 캘러스와 현탁배양세포를 세포벽 분해 효소로 처리하는 것에 의해 만들어지지만 완전한 식물체의 잎, 줄기, 뿌리, 꽃 등에서 조제하는 것도 가능하다.

원형질체를 만들기 위한 효소는 펙틴아제를 포함한 것과 셀룰라아제를 포함한 것이 있는데 모두 조효소 표본이다.

배양세포로부터의 원형질체의 조제

캘러스보다 현탁배양세포 쪽이 원형질체화하기 쉽다. 또, 대수증식기의 세포가 정지기의 세포보다 좋다.

그림 2.11에 일일초의 대수증식기 현탁세포에서의 원형질체 조제법을 나타냈다.

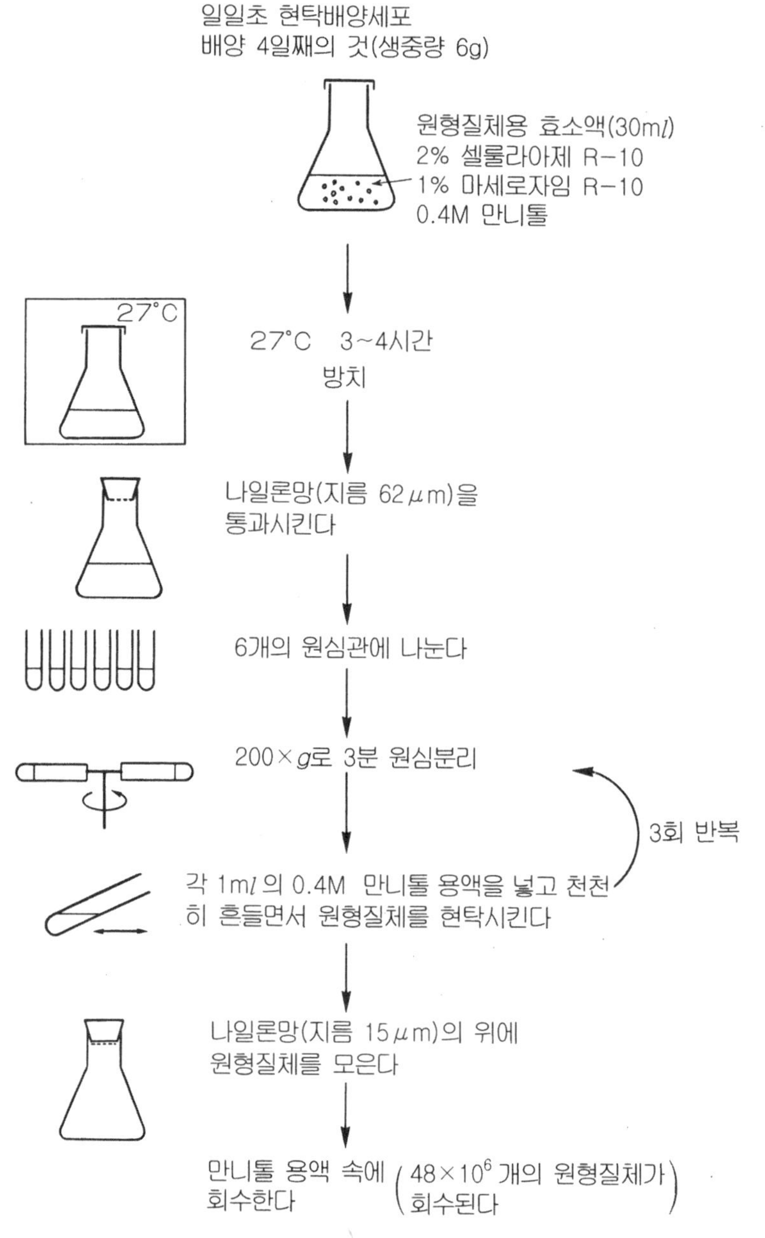

일일초 현탁배양세포
배양 4일째의 것(생중량 6g)
원형질체용 효소액(30ml)
2% 셀룰라아제 R-10
1% 마세로자임 R-10
0.4M 만니톨
27°C
27°C 3~4시간
방치
나일론망(지름 62μm)을
통과시킨다
6개의 원심관에 나눈다
200×g로 3분 원심분리
3회 반복
각 1ml의 0.4M 만니톨 용액을 넣고 천천히 흔들면서 원형질체를 현탁시킨다
나일론망(지름 15μm)의 위에
원형질체를 모은다
만니톨 용액 속에
회수한다
(48×10^6개의 원형질체가
회수된다)

그림 2.11 일일초 현탁배양세포에서의 원형질체의 조제
(Sasamoto 외, 1987[14])

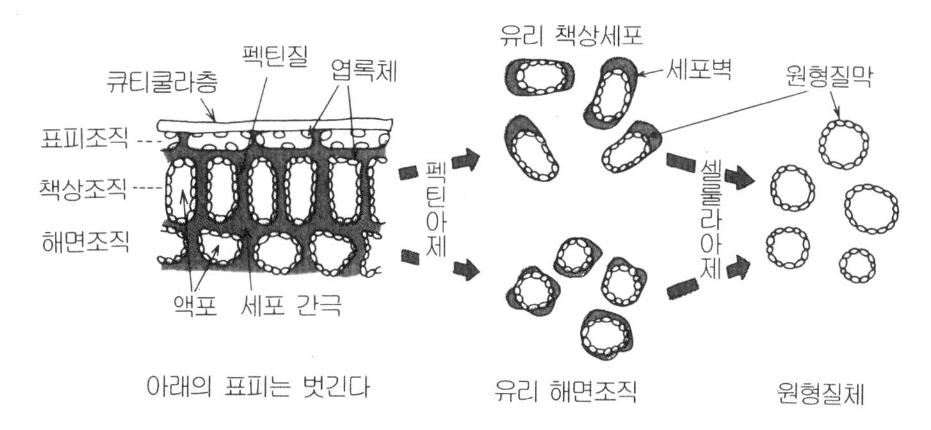

(a) 2단계의 효소 처리에 의한 잎의 원형질체의 분리
(竹内正幸他, 1979[15])

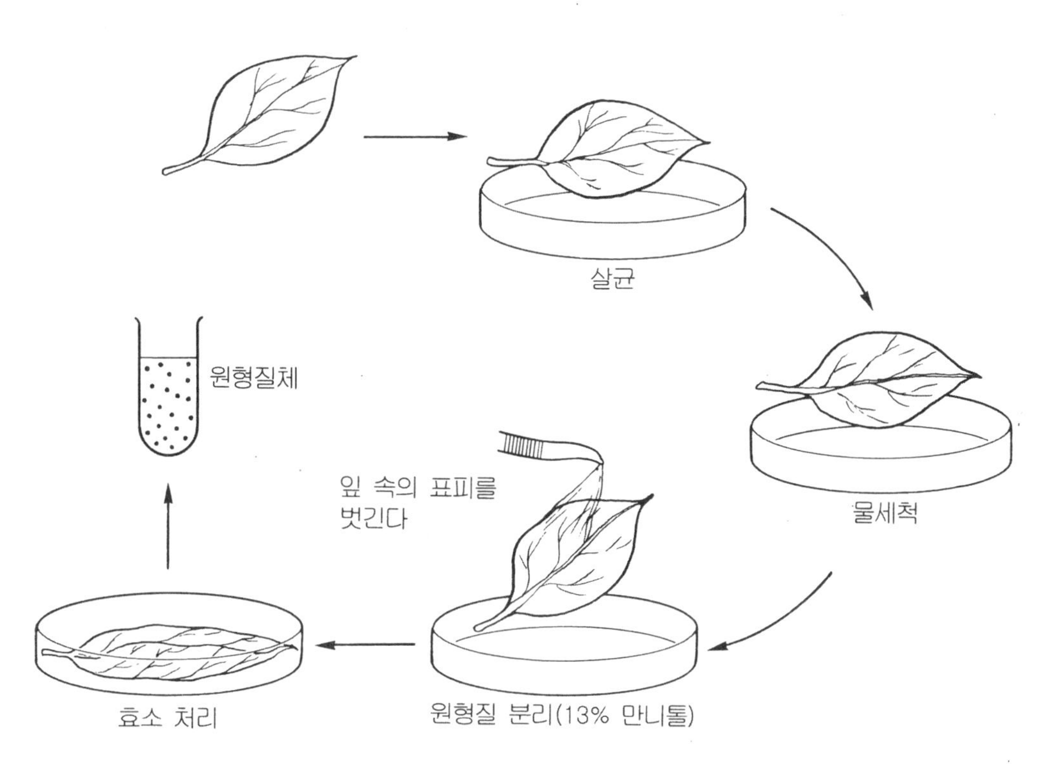

(b) 엽육 원형질체의 분리 개요
(Dodds and Roberts, 1982[16])

그림 2.12 잎에서의 원형질체의 분리

잎으로부터의 원형질체의 조제

식물 엽육세포의 원형질체의 단리를 위해 자주 쓰인다. 재료로 쓰이는 잎은 싱싱하게 성숙된 잎이 좋다. 예를 들어 담배는 그림 2.12에서와 같이 파종 후 2~3개월 온실에서 키워 충분히 펼쳐진 잎을 이용한다. 배양세포의 경우와 달라서 2단계의 효소처리(2단계법)를 행하는 경우가 많다. 그림 2.12 (b)와 같이 뒷면의 표피를 제거한 잎을 먼저 펙틴아제(예를 들어, 마세로자임 R-10)로 처리해 엽육 단세포를 분리하고, 다음에 셀룰라아제(예를 들어, 오노주카 R-10)로 처리해 원형질체를 단리한다.

원형질체 배양

원형질체는 단세포이기 때문에 이것을 배양하면 동일한 유전자 구성을 지닌 세포군(소위 클론)을 얻을 수 있다. 원형질체의 배양법은 표 2.8에 제시한 바와 같이 여러 가지가 고안되고 있다.

표 2.8 원형질체의 배양법

종 류	방 법
고형 배지에서의 이식 배양	원형질체를 배양액에 현탁해서, 겔화되기 전의 한천, 아가로오스 등과 혼합하여 고형 상태로 배양한다. 엽육의 원형질체의 배양에 잘 이용된다.
액체배양	보통 페트리 접시를 이용한다. 삼투압 조절을 위해 만니톨과 글루코오스 등을 첨가한다. 페트리 접시에 원형질체를 포함하는 배양액의 작은 방울(20~40μl)을 넣어서 배양하는(Hanging or Sitting Drop Culture) 경우가 있다.
아가로오스비즈 배양	원형질체 배양액을 아가로오스와 혼합해서 고형화한 후, 블록을 끊어 페트리 접시 속의 액체배지에 넣어 배양한다.
셀레이어·리저버법	오른쪽의 그림과 같이 구획을 정한 플라스틱 페트리 접시 위에, 원형질체를 포함하는 한천배지(P)와 배양액만 포함하는 한천배지(N)를 교대로 넣어, 구획의 일부를 끊어내어서 영양분을 공급한다. (그림: P N / N P)

원형질체 배양은 소량의 샘플로 행해지기 때문에 페트리 접시(샬레)가 자주 쓰인다.

원형질체의 배양을 위한 배지에는 MS 배지와 B5 배지를 그대로 하거나 일부를 개조한 것이 사용된다. 담배 엽육세포의 원형질체를 배양하기 위해 고안된 나가타-타케베 배지는 N, K, Ca 양이 MS 배지의 절반이고, Mg, P의 양이 제각기 3.3배, 4배 늘어나 있다. 배지에는 식물 호르몬으로서 옥신과 시토키닌이 포함되어 있다.

원형질체로 배양하는 경우 밀도는 $10^3 \sim 10^5$개/m*l* 정도로 하면 좋다. 배양을 시작할 때에 강한 빛을 비추어 주면 생장저해가 일어날 수 있다는 정보가 있지만, 배양은 2000~5000 lx의 빛 아래에서 이루어지는 경우가 많다. 원형질체는 세포벽을 재생한 뒤에 분열해서 캘러스 상태의 콜로니가 된다.

세포벽의 재생을 확인하기 위해서는 셀룰로오스에 특이하게 결합하는 형광색소인 칼코프로로 염색하여 형광현미경(여기파장 365 nm)으로 관찰하면 파랗게 빛나는 것이 보인다.

캘러스 상태의 콜로니는 계대배양이 가능하고 이것에서 식물체를 분화시키는 것도 가능하다(p.72).

2.5 세포융합

세포융합이란 두 종류의 세포를 융합시켜 한 개의 세포로 만드는 것이다. 식물의 경우, 세포융합을 시키기 위해서는 먼저 원형질체를 만들 필요가 있다. 원형질체 융합으로 얻어진 잡종은 생식세포 사이의 수정에 의한 것이 아니라 체세포들이 융합한 것이기 때문에 체세포잡종이라고 불린다.

A종과 B종의 체세포잡종은 A(+)B라고 표시한다. 원형질체의 융합에 의해 헤테로캐리온(세포질은 혼합되어 있지만 핵은 아직 융합되어 있지 않은 경우), 체세포잡종, 세포질잡종이 된다(그림 2.13).

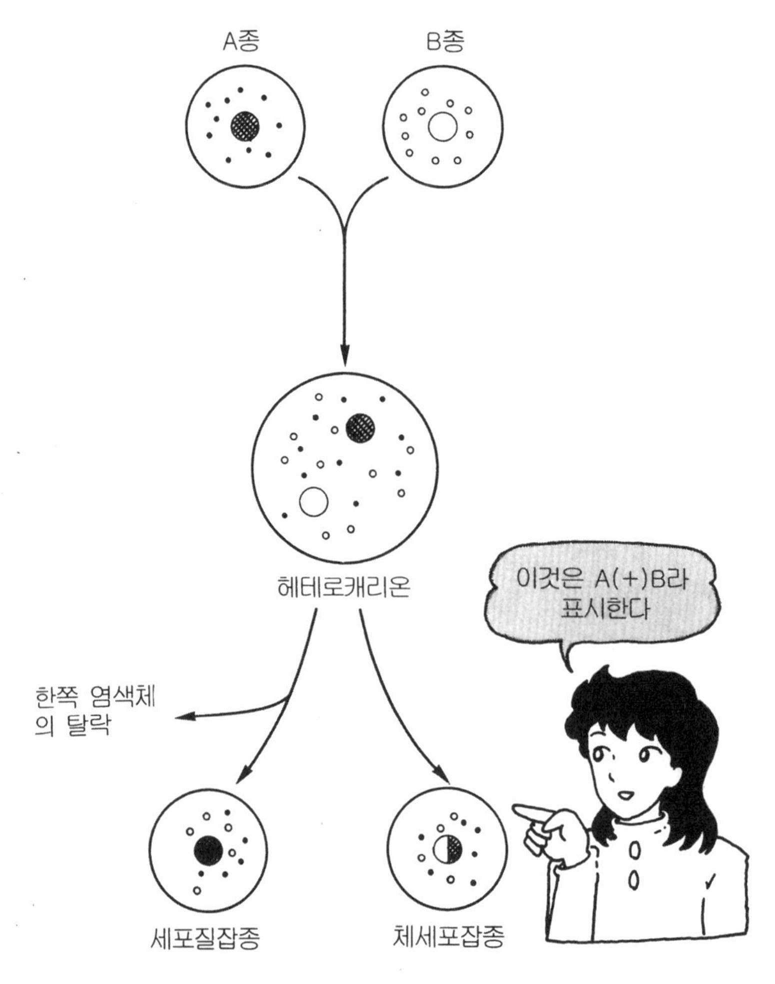

그림 2.13 원형질체의 융합에 의해 나타나는 헤테로캐리온, 체세포잡종 및 세포질잡종

세포융합의 방법

세포융합의 방법으로는 화학적 방법과 전기적 방법이 있다. 화학적 방법 가운데 무엇보다도 자주 사용되는 방법은 폴리에틸렌글리콜(PEG)법이다. 그림 2.14에 구체적으로 나타냈다.

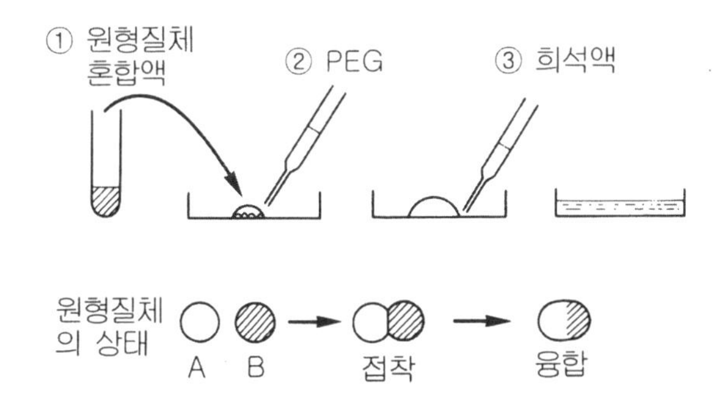

융합용액과 희석액의 조성 예

	융합용액	희석액
PEG법	50%PEG 1540 0.1M 글루코오스 10.5mM $CaCl_2$ 0.7mM KH_2PO_4 pH 5.5	0.05M 글리신-NaOH 0.05M $CaCl_2$ 0.4M 만니톨 pH 10.5

그림 2.14 PEG법에 의한 식물세포의 융합

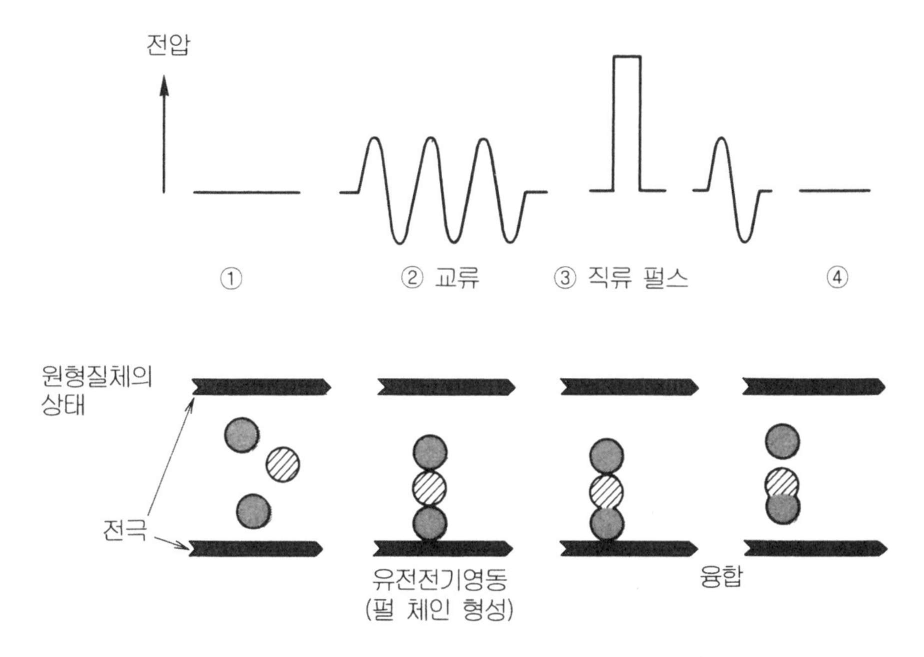

그림 2.15 전기적 방법에 의한 원형질체의 융합

원형질체 현탁액(200 μl, $2\times10^3\sim10^4$개)을 페트리 접시(지름 60 mm)의 중앙에 둔다. 원형질체가 가라앉으면 200 μl 의 PEG가 포함된 융합용액을 조금씩 더해 10분간 방치한다.

200~500 μl 의 희석액을 천천히 더하고 15분 후에 5 ml 의 원형질체 배양용 배지를 서서히 가한다. 용액을 원심관으로 이동시켜 원심분리에 의해 원형질체를 회수하여 배양한다. 보통 수%의 융합세포를 얻을 수 있다.

한편, 전기적 방법은 원형질체에 교류전계를 가해 접착시키고 다음에 고전압 직류 펄스를 가해 세포막을 파괴해서 원형질체를 융합시킨다. 원형질체가 공모양으로 되돌아가면 회수해서 배양한다. 이 방법으로 수십 %의 원형질체가 융합된다(그림 2.15).

체세포잡종의 선택

원형질체의 융합 실험에서는, 일부의 원형질체가 잡종이 되어 같은 종류 사이의 융합세포나 융합되지 않은 다수의 원형질체 속에 뒤섞여 있다. 따라서 잡종세포를 선발하는 조작이 필요하다. 잡종세포를 선발하는 방법으로는 대사적 특성을 이용한 것과 기계적으로 선택하는 것이 있다.

전자의 예로서는 질산 리덕타아제 결손주를 이용한 것이 있다. 담배의 cnx계통은 질산 리덕타아제의 몰리브덴 공역인자 결손주이지만 nia계통의 것은 아포단백질이 결손되어 있기 때문에 질산염의 환원이 불가능하다.

그러나 제각기 원형질체가 융합한 잡종은 유전적 상보성에 의해 질산 리덕타아제를 만들 수 있다.

질소원으로서 질산염의 씨를 포함하는 배지에서 배양함으로써 잡종의 씨를 선택하는 것이 가능하게 된다. 기계적으로 잡종을 분리하는 방법은 원리적으로 잡종세포를 식별해서 하나씩 버려가는 것이다. 잡종이 특별한 색소를 합성하는 것 같은 세포로 되기 때문에 현미경 아래서 마이크로피펫으로 빨아올리는 것이 가능하다.

기계적 분리를 자동적으로 하기 위해서 셀소터(cell sorter)라고 하는 장비가 개발되어 있다. 이 경우 두 종류의 원형질체를 다른 형광색소로 미리 라벨을 붙이고 나서 세포융합을 시킨다.

체세포잡종을 육성하기 위해서는 잡종 원형질체를 배양해서 캘러스 상태의 콜로니에서 식물체를 재분화시킨다. 세포융합에 의한 체세포잡종 식물체를 만들기까지의 과정을 그림 2.16에 나타냈다.

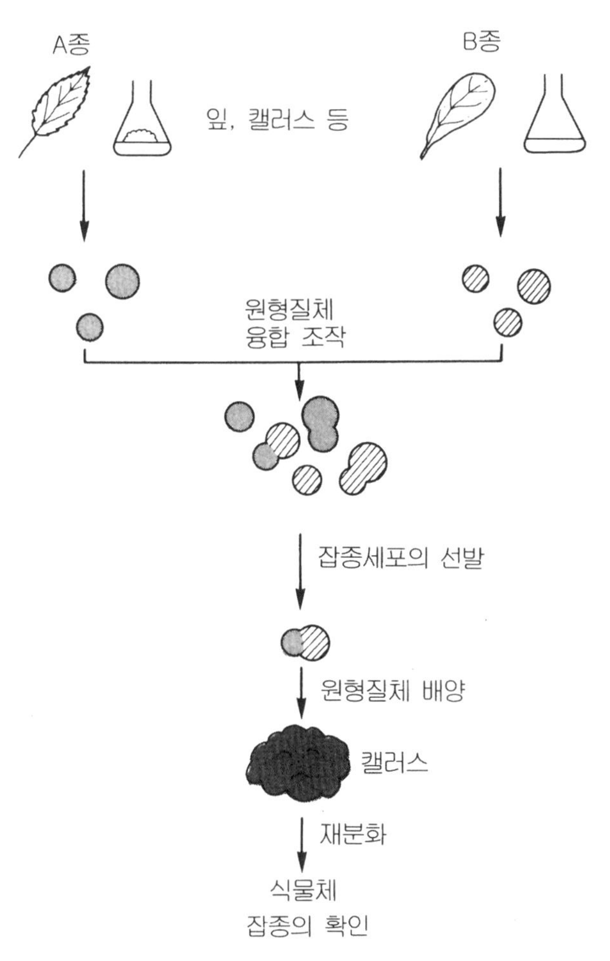

그림 2.16 원형질체의 융합과 체세포잡종의 육성

2.6 배양세포의 분화

식물에서는 수정란의 씨뿐만 아니라 거의 모든 체세포가 분화의 전능성을 가지고 있다고 알려져 있다. 즉, 식물세포는 각각의 세포가 완전한 식물체로 될 수 있는 유전정보를 가지고 그것을 발현시킬 수가 있다. 따라서 배양세포를 알맞은 생리적 조건하에서 배양하면 부정배가 분화해서 완전한 식물체가 된다. 스튜어드나 라이나트는 체세포를 배양하여 수정란의 배 발생과 유사한 과정을 거쳐 완전한 식물체가 분화하는 것을 실험적으로 확인했다(그림 2.17).

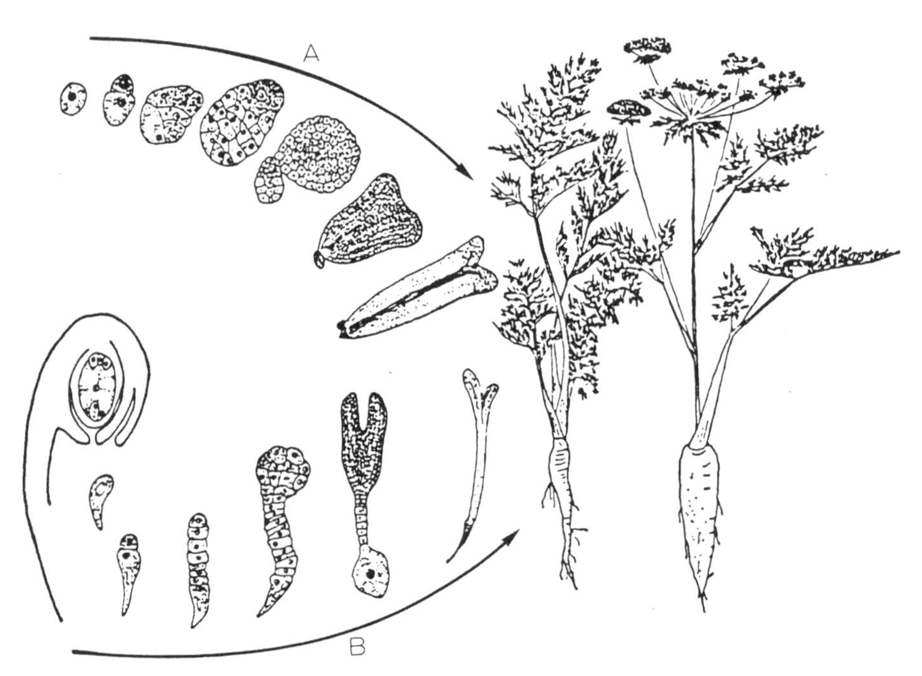

그림 2.17 당근의 체세포로부터의 부정배 분화과정(A)과 수정란으로부터의 배 분화과정(B) (駒嶺 穆, 1991[17])

현탁배양세포나 원형질체에서 부정배를 분화시켜 식물체를 재생하는 기술은 클론식물을 육성하거나 인공종자, 체세포잡종 식물을 만드는 응용분야에 이용되고 있다. 현탁배양세포에서 부정배 분화를 유도하는 방법에는 배지 속의 옥신을 없애거나 환원형 질소의 농도를 바꾸는 경우가 많다.

또한 몇 개의 아미노산이 부정배 분화를 촉진한다는 것도 보고되고 있다. 부정배 분화를 유도할 때의 세포밀도도 영향을 미치는데, 지나친 고밀도에서는 분화가 저해된다. 배양세포에서 부정배를 만드는 것이 비교적 용이한 재료는 당근이다. 현재에는 단세포에서 동조적으로 부정배 분화를 유도하는 실험계도 확립되어 있지만, 여기서는 Fujimura와 Komamine가 제시한 **현탁배양세포 덩어리**에서의 부정배 분화 유도 실험을 소개한다(그림 2.18).

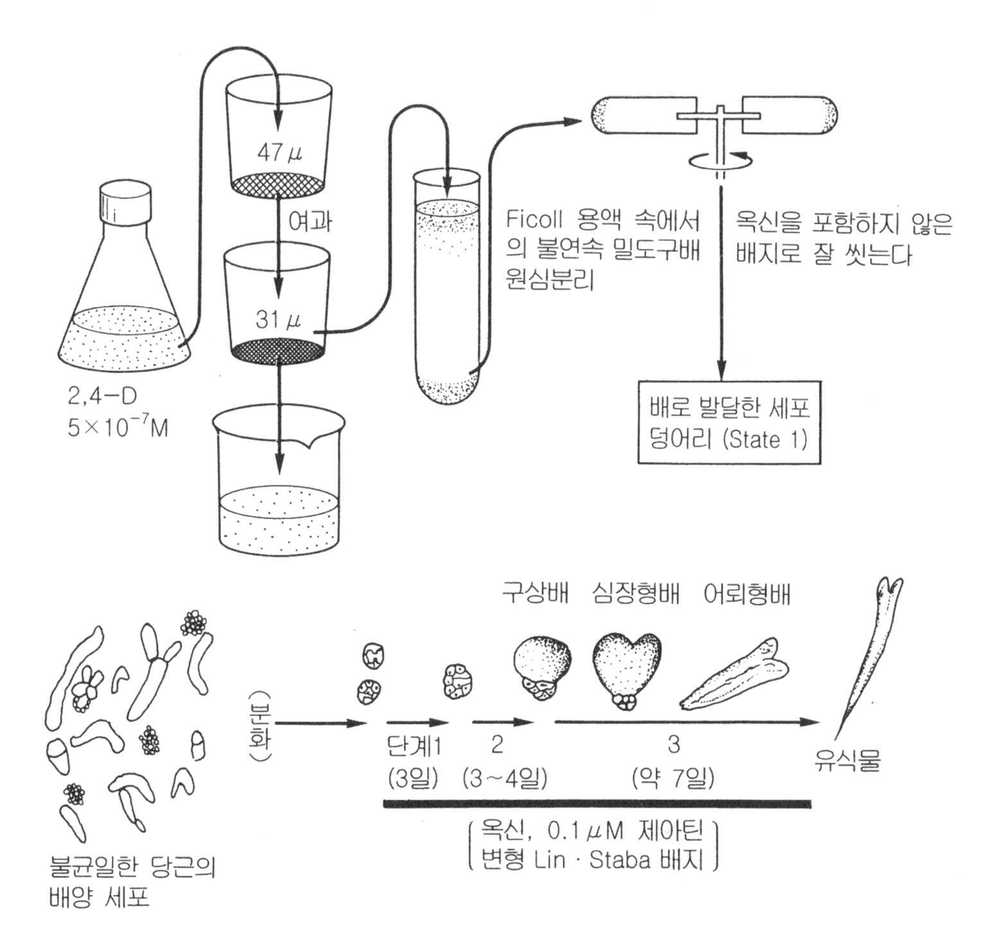

그림 2.18 당근의 액체배양세포에서 배로 발달한 세포(embryogenic cell) 덩어리의 분화와 부정배의 분화(Fujimura and Komamine, 1979[18])

당근의 액체배양세포를 개조·변형한 Lin과 Staba의 배지에서 배양해서 7일(정지기)이 지난 세포를 잘 씻은 후에 분화유도배지(옥신을 포함하지 않고, 암모늄 이온 농도를 5 mM로 하며, 0.1 μM의 제아틴을 첨가한 Lin·Staba의 변형 배지)에 옮기면 부정배의 분화를 볼 수 있다.

부정배 분화의 빈도를 높이기 위해서는 균일하지 않은 배양세포 덩어리의 집단에서 배로 발달한 세포(embryogenic cell) 덩어리를 모을 필요가 있다. 이것을 모으기 위해서는 먼저 나일론망을 사용해서 31~47 μm 크기의 균질한 세포들을 채취하고 그 다음에 피콜의 밀도구배 원심분리에 따라 밀도를 선별한다. 31~47 μm의 큰 세포 덩어리에 피콜 농도가 14% 이상의 가장 밀도가 높은 분획(分劃)에서 얻어진 세포 덩어리(3~10의 세포에서 됨)가 가장 부정배 분화하기 쉽다는 것이 명확해졌다. 그림 2.18과 같이 먼저 세포 덩어리에서 구상배가 이루어지고 계속해서 심장형배, 어뢰형배로 분화한다.

옥신을 포함하지 않은 배지에 옮기고 나서 어뢰형배가 형성되기까지의 단계는 3가지로 나눌 수 있다. 1단계에서는 미분화적 분열이 무작위로 일어난다. 이 시기는 옥신에 대해 가장 감수성이 높아 저해작용을 한다. 2단계에서는 세포 덩어리의 일부가 급속하게 분열해서 구상배가 된다. 이 시기에는 제아틴이 효과적이다. 3단계에서는 구상배가 심장형배, 어뢰형배로 분화하는데 이 시기에는 옥신, 제아틴의 효과가 적다. 어뢰형배는 결국 어린 식물이 된다.

2.5절에서 서술한 융합세포(원형질체)에서의 부정배 분화(식물체 재생)도 중요하다. 잡종 원형질체에서의 식물체 재생은 반드시 순조롭다고 할 수 없지만, 융합세포의 분화능력은 우성형질로 발현하는 경우가 많아서 분화능력을 소실한 돌연변이체의 경우는 재분화능력을 가진 정상세포와 융합시키면 잡종식물체 재생이 가능하게 된다.

부모 게놈을 완전하게 보존하고 유지하고 있는 원연(遠緣)잡종의 경우는 정상적인 식물체 재생이 어렵게 된다. 이 때에는 한쪽 부모의 게놈을 방사선으로 불활성화하고 나서 융합하는 것이 고안되어 있다.

현탁배양세포나 원형질체에서의 부정배 분화 이외에 생장점배양에서의 식물체의 분화나 부정배의 분화 등도 식물이 가지는 전능성에 기초하는 것으로서 특정 식물의 대량 증식이나 바이러스 프리 식물의 생산 등에도 이용되고 있다. 이것들이 형태적으로 인정되는 분화 외에도 대사 수준밖에 인식되지 않는 분화도 있다.

예를 들면, 활발하게 증식하고 있는 세포에서는 거의 인식되지 않는 2차대사산물이 분화 유도배지에서 배양하면 축적되는 경우가 있다. 당근의 액체배양세포 덩어리에서의 부정배 분화실험(그림 2.18 참조)에서 피콜의 밀도구배 원심분리에 따라 14%보다 낮은 세포 덩어리를 분화 유도배지에 옮기면 부정배는 만들어지지 않지만 안토시아닌의 합성계가 발현한다는 것을 알 수 있다. 이같은 분화계는 분화를 형태라고 생각하지 않고 대사경로의 제어레벨로 설명될 뿐 아니라 유용물질 생산이라는 응용분야에도 활용될 수 있다.

2.7 약 · 화분배양

약 또는 화분을 배양하여 캘러스, 부정배, 반수체식물을 얻는 기술을 일반적으로 약 또는 화분배양이라고 부른다. 이 화분배양으로 만들어진 식물체는 원래 반수체이고 열성형질도 있어 작물의 육종에서 매우 이용가치가 높다. 반수체식물을 콜히친 등으로 처리하여 염색체를 배가(倍加)시켜 배수성 식물체를 만들면 순계(동형접합체)를 단기간에 얻을 수 있다.

또 치사(致死) 유전자가 도태되기 때문에 생활력이 강한 순계를 얻을 수도 있다. 반수체식물은 재조합 DNA 기술을 이용하여 만들어낸 이종유전자를 옮기는 **숙주세포**로도 쓰여진다.

약배양과 화분배양은 현재 많은 식물에서 이루어지고 있지만 약배양이 더 많이 이루어지고 있다. 약에서 화분(소포자)을 떼어내어 배양하는 것은 가능하지만 약배양에 비교하면 어렵고 성공 예도 담배, 흰독말풀, 국화, 페츄니아 등 한정된 재료에서 사용되고 있다고 한다. 여기서는 약배양에 대해서 서술해 보도록 한다(그림 2.19).

먼저 목적으로 하는 식물의 봉오리를 채취, 살균해서 약을 채취한다. 봉오리를 바로 쓰지 않고, 일정 기간 저온에서 보존(3~10℃, 2~10일)하거나 약을 혐기적 조건에 한번 두는 편이 좋다고 하는 보고도 있다. 약의 일부를 떼어내 으깨면서 화분의 발달 단계를 조사한다.

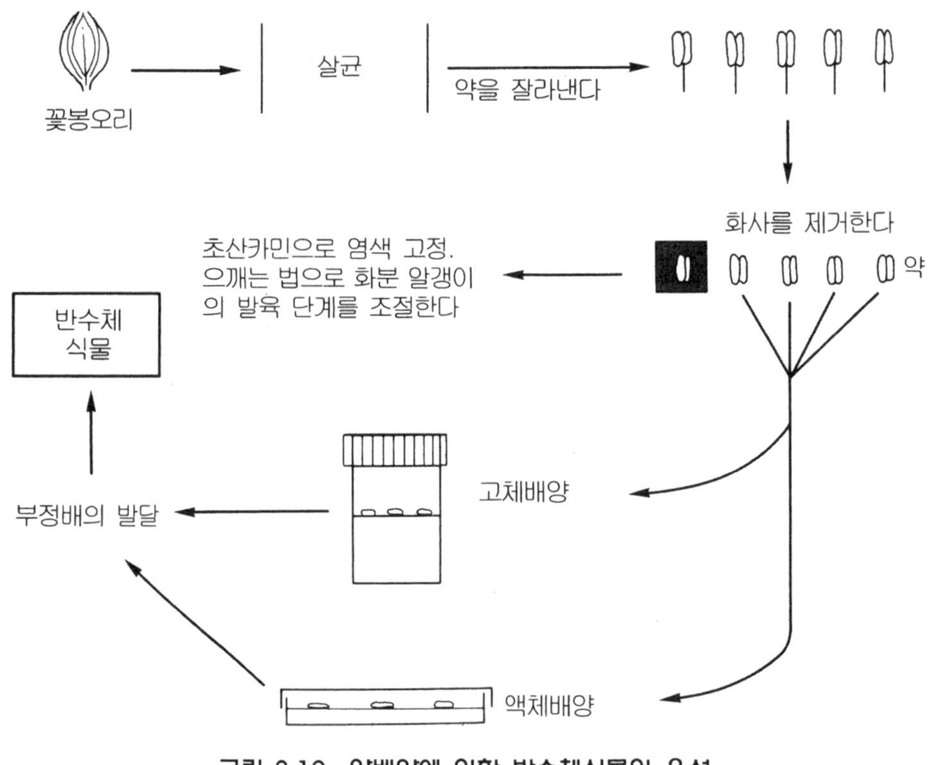

그림 2.19 약배양에 의한 반수체식물의 육성 (Dods and Roberts, 1982[16] 변경)

약배양에는 1세포기에서 2세포기 초기의 화분이 적당하다. 약배양에는 MS배지를 절반의 농도로 희석시킨 1/2 MS배지와, 니치와 니치 배지가 자주 사용된다.

담배와 흰독말풀의 약배양에서는 식물 호르몬을 넣지 않은 배지를 사용하지만, 벼과 등의 경우에는 먼저 옥신과 시토키닌을 더한 배지에서 캘러스를 형성시킨 후에 옥신의 농도를 낮춰서 부정배를 분화시키는 방법을 쓴다. 그림 2.20에 감자의 약을 살균하는 방법과 한천배지에서 배양하는 방법을 나타냈다.

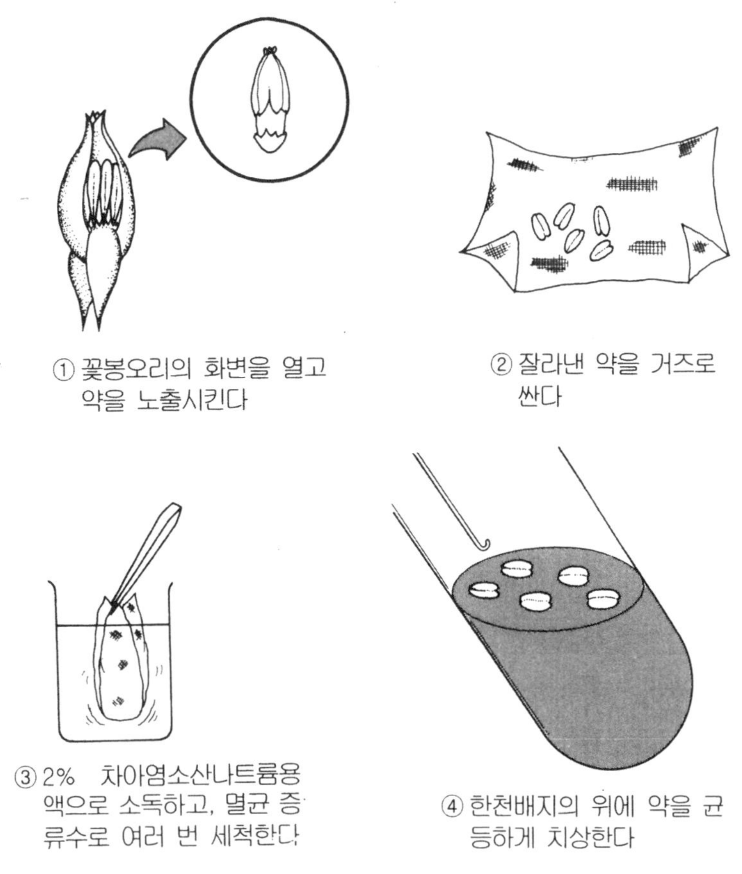

① 꽃봉오리의 화변을 열고
약을 노출시킨다
② 잘라낸 약을 거즈로
싼다
③ 2% 차아염소산나트륨용
액으로 소독하고, 멸균 증
류수로 여러 번 세척한다
④ 한천배지의 위에 약을 균
등하게 치상한다

그림 2.20 약배양의 예(감자)

2.8 클로닝

클론이라고 하는 단어는 생물학에서는 무성적인 생식에 의해 태어난 유전자형을 같이 하는 생물집단을 의미하는 것으로 처음에 사용되었다. 현재 이 단어는 개체를 가리키는 것만 아니라, 세포나 유전자를 가리키는 경우도 있다. 개체의 경우 무성적인 생식으로 늘어난 개체군은 모두 클론이 된다. 이미 서술한 캘러스나 현탁배양세포 등에서 재생된 식물체도 모두 클론식물이다. 더욱이 영양번식한 식물은 모두 클론식물이라고 부를 수 있다.

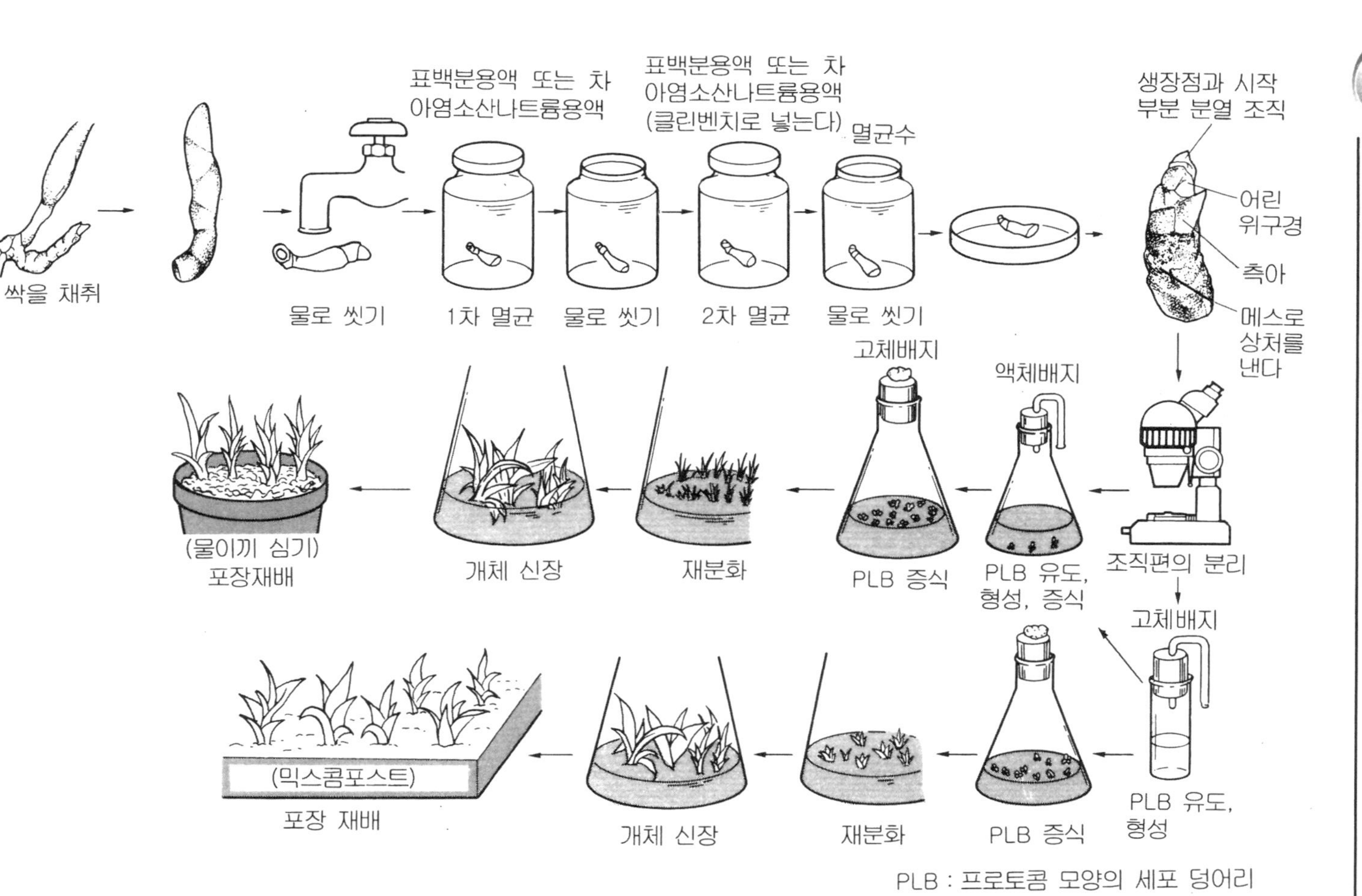

그림 2.21 양란(카틀레아)의 생장점배양 (竹內正幸他, 1983[19])

식물조직배양에서의 생장점배양이나 경정배양은 클론식물을 만들기 때문에 클로닝이다.

세포단위에서 생각하면 원래 1개의 세포분열에 의해 태어난 자손의 세포집단을 클론이라고 한다. 이 관점에서 보면 식물의 단세포로부터의 캘러스나 재생식물체가 클론이라고 할 수 있다.

식물의 현탁배양세포 속에서 어떤 특정 형질을 발현하고 있는 세포를 선발하여 그 세포에서 균일한 세포집단을 만드는 것도 클로닝이라고 한다. 예를 들어 지치의 배양세포에서 시코닌 생산능력이 높은 세포를 선발하여 계대배양을 하는 것은 세포의 클로닝이다. 유전자 레벨에서는 특정의 유전자를 벡터에 결합해서 세포나 효모로 증식시켜 클로닝을 행한다. 여기에서는 개체의 클로닝, 즉 생장점배양(경정배양)에 대해서 서술한다.

생장점배양이란 줄기의 선단부분에 있는 경정분열조직(생장점)을 채취해서 배양하여 식물을 만들어 내는 것이지만, 정확히 생장점을 경정에서 떼어내서 배양하는 것은 어렵기 때문에 생장점을 포함하는 경정을 배양하는 경우가 많다.

그림 2.21은 양란(카틀레야)의 생장점배양 모식도이다.

난의 경우 초대(初代)배양에서 분열조직으로부터 프로토콤(종자의 발아에서 형성하는 둥근상태의 세포 덩어리)이라고 하는 세포 덩어리(PLB)를 형성하는 것이 많다. PLB는 2등분, 4등분하여 PLB 분화배지에 옮겨 배양하면 단기간에 다량의 PLB를 증식시킬 수 있으며, PLB를 식물체 분화배지에 옮기면 식물체를 분화시킬 수 있다.

PLB 유도배지로는 1/2 농도의 MS배지(글리신을 없앤 것)에 나프탈렌초산, 벤질아데닌을 첨가한 것이 쓰인다.

식물조직배양의 전개

3.1 식물조직배양과 바이오테크놀로지

바이오테크놀로지 육성 중에서 미생물, 동물과 비교해 뒤쳐져 있는 식물분야도 최근 대학, 연구소, 기업 등 많은 연구기관에서 활발한 연구 개발이 이루어지고 있으며 그 실용화가 진행되고 있다.

이 식물 바이오테크놀로지의 급속한 발전은 식물조직배양법의 진보에 따른 것이며 식물조직배양법 없이 식물 바이오테크놀로지는 있을 수 없다고 해도 과언이 아닐 정도이다.

예를 들면 식물 바이오테크놀로지 중에서 현재 가장 실용화가 진행되어 있는 무병식물의 육성 및 대량번식의 분야에서는 식물조직배양에 의한 식물체 재생법, 인공종자 개발도 이 연장선상에 있다.

그리고 가까운 미래에 실용화될 것이라 기대되고 있는 세포융합에 의해 종간잡종을 만들어 내는 것이나, 유전자조작 기술을 이용한 형질전환에 의해 신품종을 육성하는 육종분야에 있어서도 원형질체 배양이나 형질전환세포에서의 식물체 재생과 같은 식물조직배양 기술은 필수적이다. 또한 식물에 포함되어 있는 각종 유용물질 생산을 목표로 한 식물 바이오테크놀로지에서도 식물배양세포는 유용물질 생산계로서 매우 유용한 시스템이다(그림 3.1).

이와 같이 식물조직배양법은 식물 바이오테크놀로지에 있어서 핵심 테크놀로지의 자리를 차지하고 있지만 그 역사는 식물학의 기초적 연구에 뿌리를 두었다(제

1장 참조).

이러한 기초 연구의 발전이 다양한 응용분야로 도입됨으로써 현재의 식물 바이오테크놀로지라는 새로운 분야가 탄생했다. 바이오테크놀로지란 생물의 기능을 공학적으로 이용하는 학문으로서 기본적으로는 세포기능의 완전한 이해 후에 성립되는 것이다.

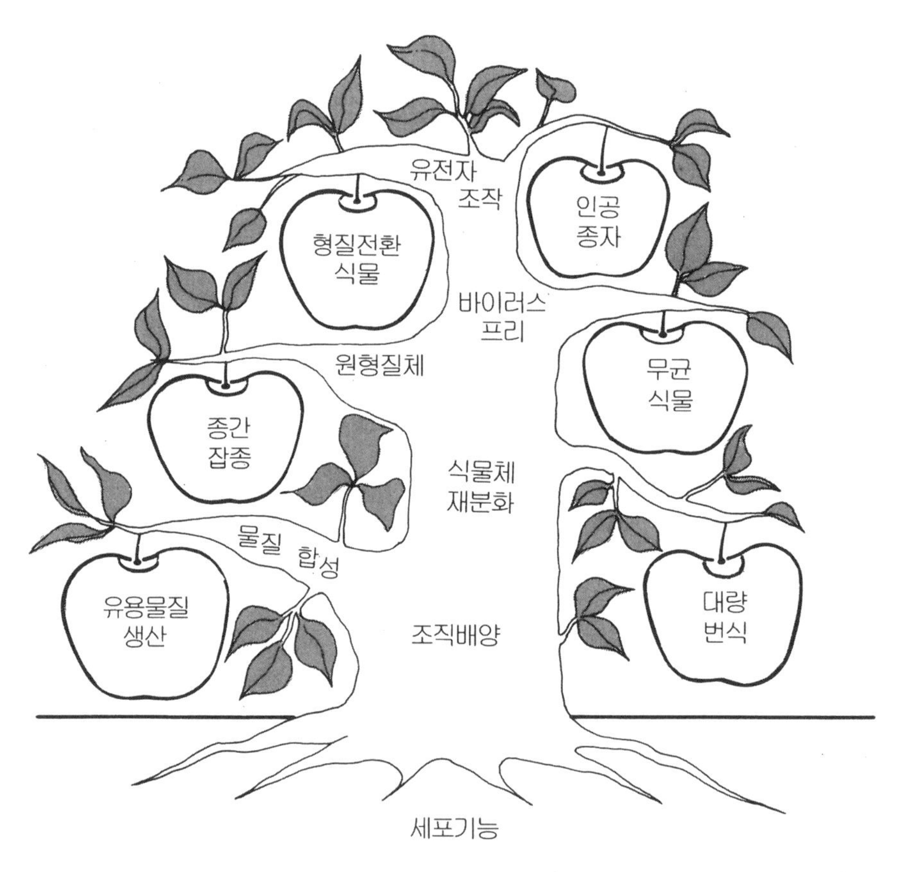

그림 3.1 식물조직배양과 바이오테크놀로지

따라서 본 장에서는 식물 바이오테크놀로지의 여러 분야에 이용되고 있는 식물 조직배양법에 대해서 언급하면서 동시에 그 배경이 되는 식물세포가 가지는 매우 미묘한 기능에 대해서도 설명하도록 한다.

3.2 대량번식(마이크로프로퍼게이션)의 방법

클론증식이란

식물번식이라면 많은 사람들이 가장 먼저 떠올리는 것은 종자에 의한 번식일 것이다. 이러한 종자에 의한 번식은 유성생식을 통해서 이루어진다. 유성생식은 동물·식물에 폭넓게 나타나는 생식형태이며, 식물의 경우 생식기관인 꽃에서 수분·수정이 이루어져 차세대의 종자가 형성된다. 이러한 수정과정에서 양친으로부터 온 유전자 사이의 재조합이 이루어져 차세대에는 다양한 유전자형과 표현형을 볼 수 있다. 이것은 멘델의 법칙(**그림 3.2**)으로 유명하지만, 실제로 고등생물은 많은 유전형질을 가지고 있으며, 이들이 복잡하게 분리·분배되므로 모든 경우에 있어 완전히 동일한 유전자형을 가지는 개체가 출현하는 빈도는 매우 낮다.

이것은 일란성 쌍생아를 별도로 하고, 친형제가 아주 많이 닮았다 해도 완전히 같은 형태와 성질을 가진 인간은 아니라고 생각하면 쉽게 이해할 수 있을 것이다.

종자번식과 같이 고등식물에 있어서 자주 보여지는 번식법으로는 영양체생식에 의한 번식이 있다. 이것은 식물체의 일부(영양기관*)에서 직접적으로 새로운 식물체가 형성되는 무성생식에 의한 번식 양식이다.

영양체생식에서는 유성생식의 수정과정에서 보이는 유전자의 재조합은 일어나지 않고 부모와 완전히 같은 유전형질을 가지는 다수의 개체가 형성된다. 이러한 번식 양식은 하나의 식물체로부터 그것과 똑같은 개체(클론)가 다수 형성되므로 **클론증식**이라 불려진다. 클론증식이란, 말하자면 손오공의 변신 기술과 같은 것이다(**그림 3.3**).

클론증식은 유전적으로 균일한 개체를 양산하기 때문에 옛날부터 우량형질을 가지는 식물의 인위적 클론증식이 행해져 왔다. 분주, 삽목, 접목, 휘묻이 등은 대표적인 인위적 클론증식법이다(p.27 그림 1.14).

---

* 딸기, 인동덩굴의 덩굴, 참나리, 참마의 마 등

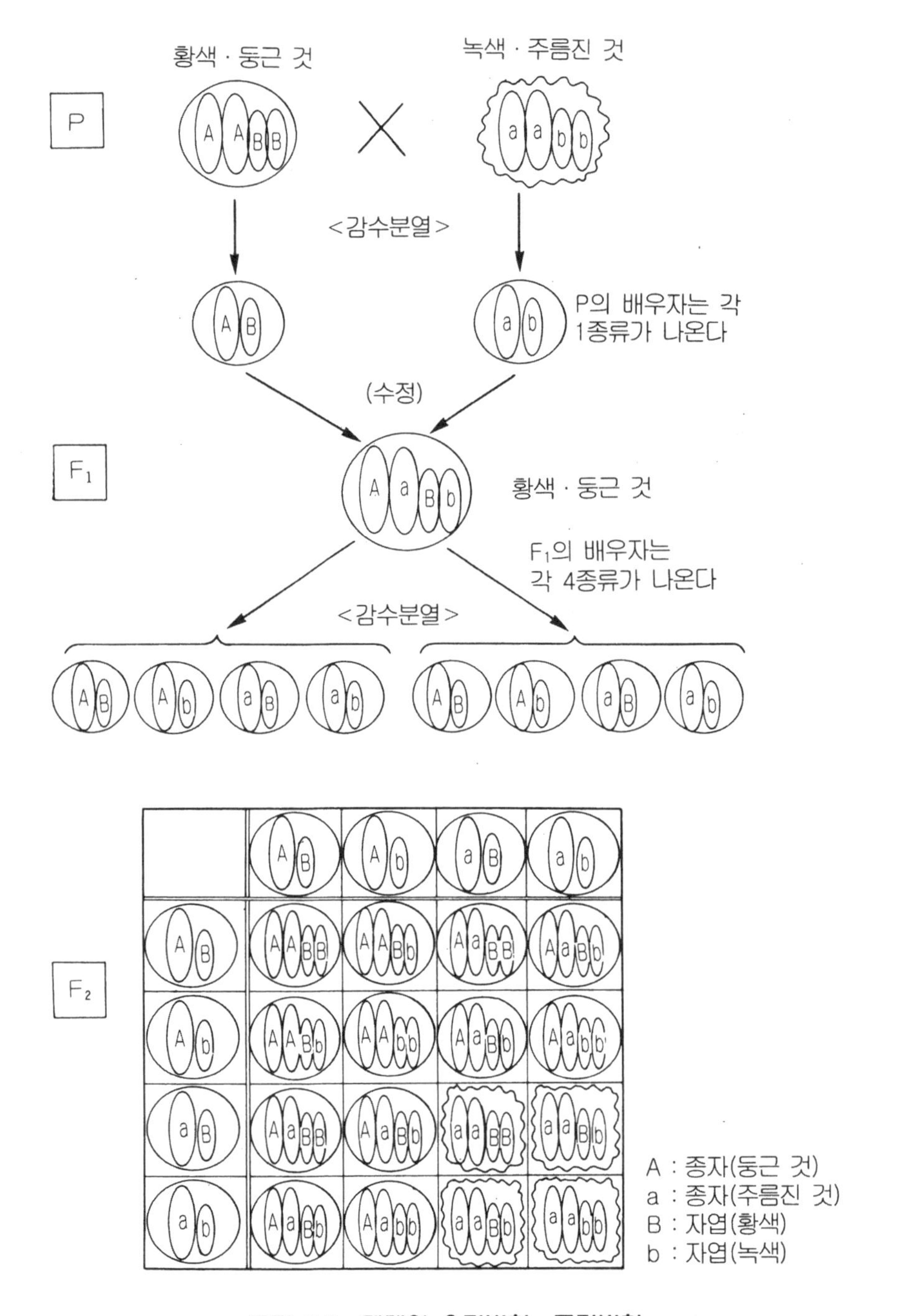

그림 3.2 멘델의 유전법칙－독립법칙

그림 3.3 클론증식

이러한 고전적인 클론증식법에 대해 조직배양기술을 이용한 클론식물의 대량번식법(마이크로프로퍼게이션)이 개발되어 이미 실용화되고 있는 작물이 많다. 그리고 현재 클론증식이라는 말은 실제로 조직배양에 의한 식물의 대량번식법을 가리키는 경우가 많다.

전형성능(全形成能, totipotency)을 기초로

클론증식은 세포가 가지고 있는 분화 전능성(전형성능 ; 全形成能)이 그 이론적 배경이 된다. 생명의 최소 구성단위인 세포는 완전한 성체(식물체)를 형성하는 데 필요한 모든 정보를 가지고 있으며, 그 중 어느 부분이 읽혀지는가에 따라 각종의 형태・기능을 가지는 세포로 분화한다(그림 3.4).

식물조직배양의 역사에 대한 구체적인 사항은 제1장에서 논한 바 있는데, 이것은 식물의 분화 전능성에 관한 연구의 역사이기도 하다. 앞에서 말한 것과 같이 자연계에서 이루어지는 식물의 클론증식은 세포가 가지고 있는 분화 전능성을 시사하는 것으로서 20세기 초반에 이미 분화 전능성에 관한 가설이 세워졌다.

Haberlandt는 1902년 이 가설을 증명할 때 식물조직배양계를 이용하는 것이 가장 적당하다고 제안했으며, 그 후 많은 연구자에 의해 식물조직배양계의 확립이 시도되었지만 그 당시는 옥신의 발견 이전이므로 연구에는 상당한 어려움이 있었다. 그리고 1939년 White가 보고한 담배의 캘러스로부터 부정아 분화(不定芽分化)가 관찰되어 분화 전능성에 관한 가설이 최초로 실험적으로 증명되었다. 이것을 계기로 배양세포로부터의 기관분화에 관한 연구가 급속히 진전되었는데, 연구의 가속화를 이룬 최대의 요인은 옥신을 비롯한 식물 호르몬의 발견이었다.

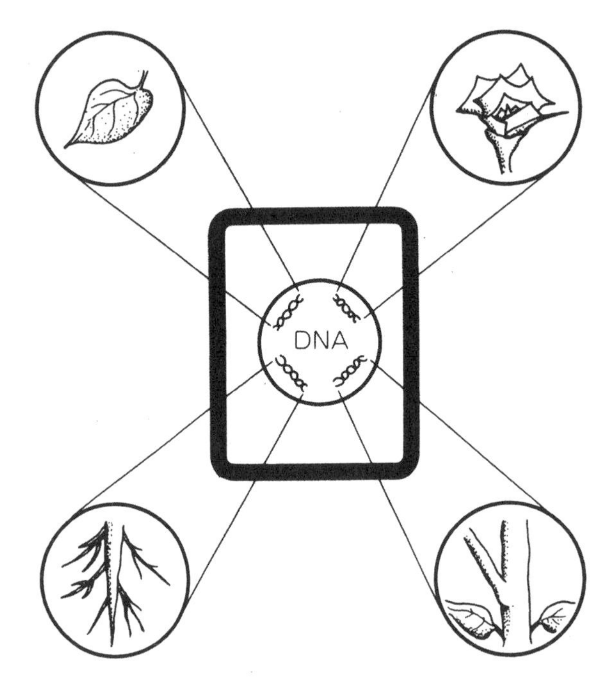

그림 3.4 식물의 분화 전능성

식물체의 재생

Skoog 그룹은 담배의 줄기조직을 재료로 하여 배양세포의 증식·분화를 연구해왔지만, 이 과정에서 우연히 청어의 정자로부터 추출한 핵산의 오래된 용액을 배지 속에 넣자, 세포의 증식이 현저하게 높아짐과 동시에 분화도 촉진되는 것을 발견했다. 그리고 그 유효성분이 탐색되어 현재 식물 호르몬으로 널리 이용되고 있는 키네틴이 발견되었다(제1장 참조).

또한 이들 그룹은 같은 담배 세포(위스콘신 38)의 배양계에 있어서 배지 속에 첨가한 옥신과 시토키닌의 분량비에 따라 기관분화가 제어되는 것을 밝혀내고, 인돌초산(IAA)에 대한 키네틴의 비율이 높을 때는 부정아를, 반대로 키네틴의 비율이 낮을 때는 부정근(不定根)을 분화시키고, 그 중간 비율일 때는 캘러스의 탈분화적 증식이 나타남을 명백하게 밝혔다.

옥신과 시토키닌의 상호작용에 따른 기관분화 제어에 대해서는 그 후 많은 연구자에 의해 상세한 검토가 이루어져 넓은 범위의 식물배양세포계에 있어서 양쪽 호르몬의 분량비 변경에 의한 기관분화 유도가 가능하다는 것이 알려졌다(그림 3.5).

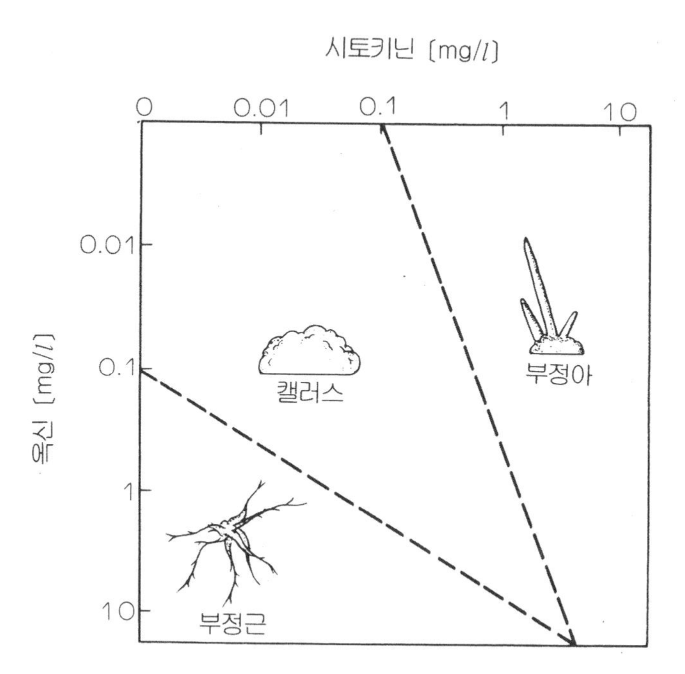

그림 3.5 담배 배양세포에서의 기관분화에 영향을 미치는 옥신과 시토키닌의 상호 효과

그리고 이 연구 과정은 각종 식물배양세포로부터 기관 유도법에 의한 클론식물 재생법의 기초 연구로 받아들여져 현재 이루어지고 있는 조직배양에 의한 클론식물의 대량증식 대부분은 기관유도를 기술적 기반으로 하고 있다.

Skoog와 같은 시기인 1958년 미국의 스튜어드는 당근 배양세포로부터 싹과 뿌리를 동시에 분화시켜 식물체를 재생하는 데 성공했다. 배양세포에 의해 재생된 식물체는 생육하여 개화하기까지 완전한 개체이며, Haberlandt 이래로 식물 분화 전능성에 대한 가설은 완전한 실험적 증명을 얻었다. 당근 배양세포로부터 얻은 식물 재생계는 식물의 분화 기구 연구를 위한 뛰어난 실험계로 주목되었으며, 이후로도 많은 연구자에 의해 해석이 진행되었다.

배양세포로부터 식물체를 재생하는 초기 과정은 유성생식 후의 수정란에서 배발생(胚發性)하는 것과 유사한 과정임이 밝혀졌다. 그리고 이 현상은 체세포에서 무성적인 발생양식을 취한다는 점에서 수정란 기원의 배 발생과는 구별되어 부정배 형성 또는 **체세포배 발생**(somatic embryogenesis)이라 불려지고 있다(3.3절 참조).

배양세포로부터의 부정배 형성은 뒤에서 언급할 인공종자 개발의 이론적 배경이 되고 그 효과적인 유도법은 미국을 중심으로 한 많은 벤처 비즈니스의 최대 관심사이기도 하여, 현재 활발한 연구 개발이 진행되고 있다.

이러한 식물 클론증식에 의한 대량번식법은 조직배양계를 이용한 식물 분화 전능성에 관한 기초 연구가 기술적 배경이 되어 있다. 기초 연구는 이른바 플라스크 스케일(flask scale), 벤치 스케일(bench scale)에 의해 이루어졌지만 이것을 실용화하는 데에는 부가가치에 맞는 생산비용이라는 조건이 최소한 충당될 필요가 있다. 따라서 연구기관에서는 생산물의 부가가치 향상 및 생산계의 스케일 향상, 프로세스의 간소화라는 문제가 큰 기술과제로 남아 있다. 그래서 이러한 점도 포함하여 현재 이루어지고 있는 조직배양에 의한 클론식물의 대량번식법에 대한 실제를 논하려 한다.

무병(바이러스 프리)식물의 생산

무병식물이란

식물의 조직배양은 우선 식물조직을 무균화하는 것이 기본이다. 이론 및 조작의 실제에 대해서는 제2장에서 상세히 설명했지만, 무균성이라는 조직배양법의 가장 큰 장점은 응용면에 있어서도 큰 의미를 가진다.

즉, 조직배양에 따른 클론증식법에 의해 쉽게 무병식물을 얻을 수 있다는 점이다. 자연계에 생육하는 식물의 표면에는 무수한 곰팡이, 박테리아 등이 부착되어 있고 더욱 작은 바이러스는 조직내 깊은 곳까지 침입하고 있다. 곰팡이, 박테리아 등은 조직표면의 통상적인 살균법(제2장 참조)에 의해 보다 쉽게 제거할 수 있지만, 조직 내에 침입한 바이러스에 대해서는 경정배양법, 캘러스 경유법 등의 기술을 이용해서 바이러스 프리 식물을 얻을 수 있다.

바이러스 프리 식물의
쪽이 완전한 꽃이 핀다
일반적인 식물
바이러스 프리 식물

그림 3.6 일반적인 것과 바이러스 프리의 카네이션

이러한 과정을 거쳐 바이러스 프리화된 식물은 바이러스에 감염된 식물에 비해 생육이 왕성하고 잎의 형태, 초장도 길어지므로 채소, 곡류의 바이러스 프리화는 현저한 수확량의 증가를 가져온다. 또 화훼는 수확량 증가와 함께 바이러스 프리화에 따라 크고 형태가 좋은 꽃이 피며, 착화수(着花數)도 많다는 점에서 상품가치가 보통과 비교해 매우 높아진다(그림 3.6). 게다가 수술도 많고 화분량(花粉量)도 많으므로 교배주(株)로서의 바이러스 프리 식물은 큰 경제적 의미를 가진다.

식물의 무병화 방법

경정(莖頂)배양에 의한 것 무병배양계의 확립 방법으로는 표면살균법과 경정배양법(생장점배양법)으로 구별할 수 있다. 이 중에서 경정배양은 무병화와 동시에 바이러스 프리화를 달성할 수 있다는 점에서 현재 클론배양에 가장 많이 이용되고 있다.

식물의 줄기나 뿌리의 선단 부분, 혹은 잎의 시작 부분에 존재하는 측아에는 세포증식이 활발히 이루어지고 있는 생장점(정단분열조직 ; 頂端分裂組織)이 있다(제1장 참조). 생장점에서 세포분열에 의해 형성된 세포는 여러 방향으로 분화해 가지만, 생장점 자체는 끊임없이 세포분열이 진행되면서 이루어 기관의 선단부에 위치한다.

현재 재배되고 있는 영양번식작물의 대부분이 바이러스에 감염되어 있고, 바이러스 감염은 식물체 표면뿐만 아니라 조직 깊숙이 이루어져 있지만 이 중에서도 생장점 부분만은 항상 무균상태이다(그림 3.7).

이유는 생장점 부분에서는 세포의 분열증식이 매우 왕성하며, 또 그 결과 세포밀도도 높아 바이러스의 침입·번식이 곤란하기 때문이다.

그래서 바이러스 프리의 생장점 부분만을 떼어내어 배양하고 식물체를 재생시키는 것에 의해 바이러스 프리 식물을 만들어 내는 방법이 제안되었으며, 이것을 생장점배양이라 부른다. 생장점배양은 바이러스 프리화의 가장 유력한 수단으로 광범위한 식물에 적용되고 있지만, 실제로 재료로서 이용되고 있는 생장점은 경정부분인 경우가 많아 **경정배양법**이라 하여 널리 보급되어 있다.

식물의 정아(頂芽), 혹은 측아(側芽)에 존재하는 경정분열조직은 싹의 내부에 위치하며, 몇 장이나 되는 유엽에 쌓여 있다.

따라서, 보통 경정부분은 무균상태이며 선단의 지름 0.1 mm 이하 부분은 바이러스 프리 상태이다(그림 3.7).

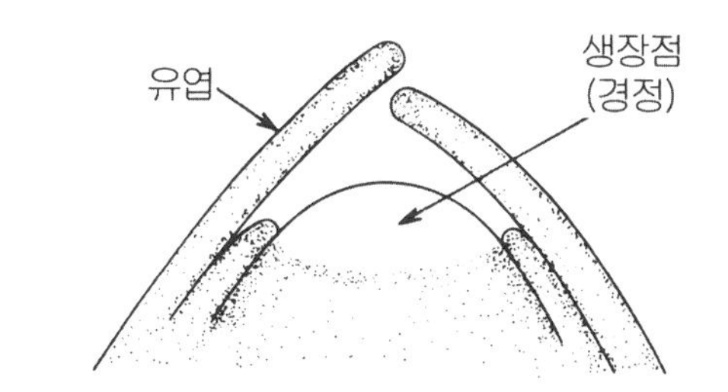

그림 3.7 식물의 생장점(경정) 부근의 상태
점은 바이러스를 나타낸다.

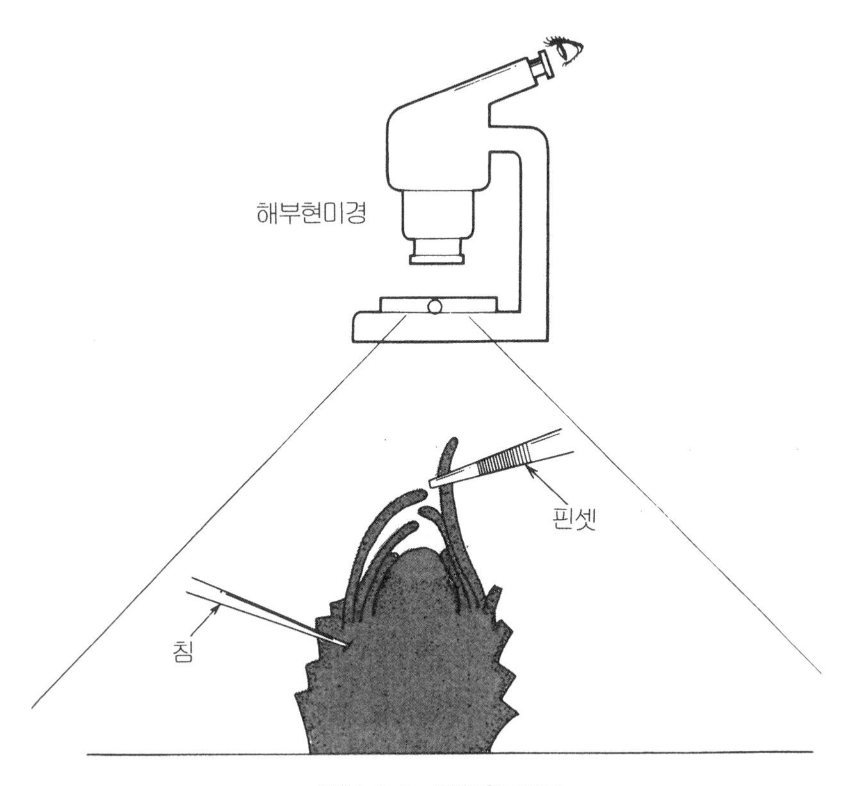

그림 3.8 경정의 분리

경정부분은 식물의 종에 따라 다양한 형태를 취하지만 모두가 매우 작으므로 관찰할 때에는 해부현미경이 필요하다. 경정배양을 할 때에는 싹 부분에서 경정을 무균적으로 노출시켜 적출하는 것이 기술적으로 최대의 관건이 된다. 경정부분이 무균, 바이러스 프리라 해도, 이것을 둘러싸는 유엽(幼葉) 부분에는 많은 잡균과 바이러스가 존재하고 있어 조작할 때는 이들을 경정부분으로 옮기지 않도록 하는 것이 중요하다. 따라서 경정을 적출할 때에는 무균화시킨 메스, 해부침, 핀셋 등을 자주 바꿔가면서 해부현미경 아래에서 유엽을 한잎 한잎 주의 깊게 벗길 필요가 있다(그림 3.8). 또 경우에 따라서는 적출조작을 하기 전 싹 전체에 예비 소독을 하기도 한다.

이처럼 경정의 적출작업은 시간이 걸리며 기술적인 숙련을 요하지만, 바이러스 프리 식물의 생산법으로서는 캘러스 경유법에 비해 식물체의 재생이 비교적 용이하며, 변이도 적다는 점에서 경정배양법은 클론증식에 있어서 현재 가장 널리 이용되고 있는 방법이다.

경정을 옮겨 심은 후 식물체 재생을 위한 배지조성 등 배양조건은 다음 항에 진술하는 일반적인 식물체 재생법과 기본적으로 동일하다.

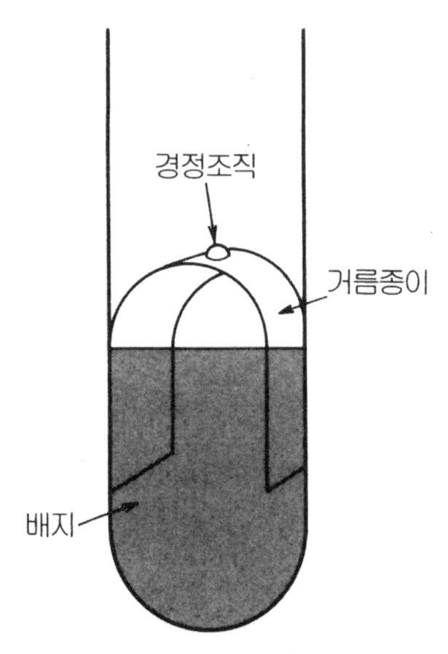

그림 3.9 페이퍼워크법

다만, 이식할 조직편(경정)이 아주 작으므로 특히 배양 초기에는 생장이 현저히 느린 경우가 있어 그대로 말라죽기도 한다. 따라서 경정배양용으로 다양한 배지가 개발되어 있고, 또 배양법에 관해서도 통상의 한천배지를 이용하는 방법 외에 페이퍼위크법이 자주 이용되어 높은 효과를 거두고 있다(그림 3.9).

캘러스를 경유한 무균화 경정배양법은 식물의 바이러스 프리화로서는 가장 효과적인 방법으로 보급되고 있지만, 전술한 것과 같이 기술적 숙련을 요하며 또 식물에 따라서는 경정의 치상으로부터 식물체 재생까지 반년에서 1년 이상의 시간이 필요하다. 따라서 실용화할 때는 배양 작업능률의 저하가 생산비용에 크게 반영된다. 그러므로 바이러스 프리 식물 생산의 간편한 방법으로 이용되는 것이 캘러스 경유법이다.

농작물의 대부분은 바이러스에 걸려있지만 식물체의 일부(잎, 줄기 등)를 떼어 내어 통상의 표면살균 처리 후 캘러스를 유도하고 외식편(外植片)에서 형성된 캘러스를 일반적인 방법에 따라 계대배양해 가면 그림 3.10에 나타나 있는 것처럼 캘러스 유도 후, 조직 중의 바이러스 농도는 급격히 저하되고 대를 이음에 따라 바이러스 프리 세포군을 얻을 수 있게 된다.

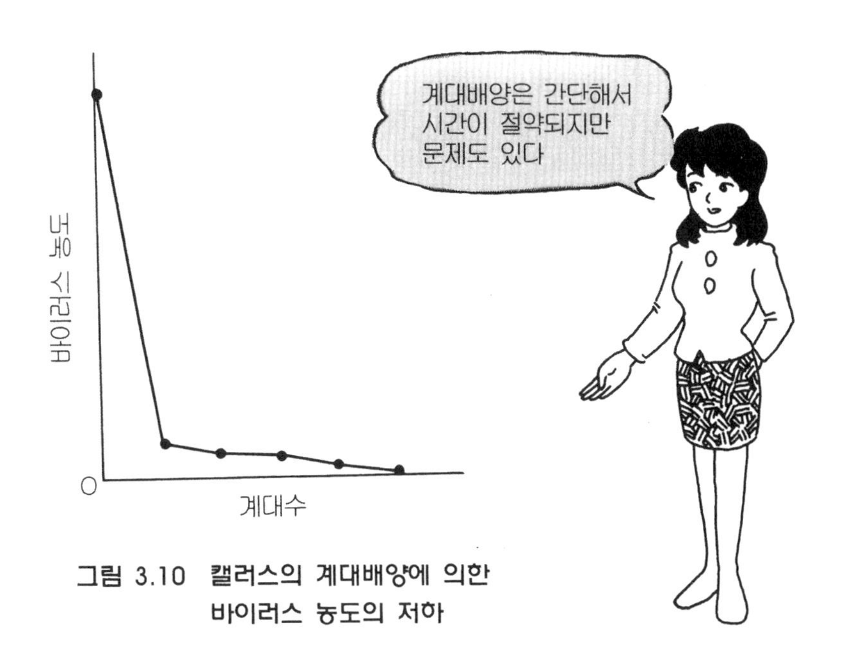

바이러스 농도
O
계대수
계대배양은 간단해서
시간이 절약되지만
문제도 있다

그림 3.10 캘러스의 계대배양에 의한 바이러스 농도의 저하

바이러스 프리 식물체의 출현 빈도는 모식물체(母植物体)나 바이러스의 종류에 의해 달라지기도 하지만, 열처리(37℃)를 병행한 경우에는 바이러스 제거효과도 높아져 계대를 수차례 행하는 것만큼 다수의 바이러스 프리 식물체가 얻어지는 경우가 있다. 이 방법에 의한 바이러스 프리 식물체의 확립은 간편하고 필요로 하는 시간도 짧아 능률적이므로 많은 작물의 바이러스 프리화에 실제로 이용되어 성과를 올리고 있다. 배양조직에서의 식물체 재생법에 대해서는 다음 항에서 상세히 논하겠지만, 경정과 측아를 출발재료로 하는 경우는 원래 이들 조직 또는 기관이 새로운 식물체를 형성할 가능성을 가지고 있어 식물체 재생을 위한 배양조건의 설정이 비교적 용이하다. 이에 비해 캘러스는 탈분화한 세포집단으로, 이것을 다시 분화시키는 방향으로 완전한 식물체를 재생시키기 위해서는 면밀한 배양조건의 검토를 필요로 하는 경우가 많다. 또 재생식물체에 때때로 변이가 생기는 것도 문제로 지적될 수 있다. 따라서 캘러스 경유법에 의한 바이러스 프리화는 캘러스에서의 식물체 재생법이 충분히 검토・확립되어 있는 경우에 한해 유효한 수단으로 취급할 수 있다.

일반적으로 식물조직배양에 의한 클론식물의 대량증식법을 실용화할 때는 생산비용의 경감이 최대의 문제가 되는 경우가 많아 바이러스 프리화에 있어서는 목적에 따라 각각 이점을 고려해서 방법을 설정할 필요가 있을 것이다.

클론증식의 실제

현재 식물배양법에 의한 식물의 대량번식은 이미 실용화 단계에 있으며 세계적으로 클론식물의 화훼가 만들어져 꽃집에 진열되어 있지만, 이 중에서 가장 대표적인 것은 난과 카네이션이다.

앞에서 말한 바와 같이 조직배양에 의한 클론식물의 대량번식법은 1930년대 이후 배양세포계를 이용한 식물의 분화 전능성에 관한 많은 연구가 기술적 기반이 되어 있는데, 이 중에서도 1960년 프랑스의 Morel에 의해 보고된 양란의 대량번식법이 응용면에서 보면 최초의 성과라 할 수 있다.

난

난은 분주에 의한 영양번식으로 재배되지만, 자연계에 있어서 증식률은 매우 낮아 재배할 때 상당한 시간이 필요하며 동시에 영양번식성인 탓에 바이러스병에 의한 피해도 컸다.

Morel은 1950년대에 이미 경정배양에 의한 다알리아, 감자의 바이러스 프리 식물체 생산에 성공하고 뒤이어 양란의 일종인 심비디움(cymbidium)의 바이러스 프리화를 역시 경정배양법에 따라 시도했다. 이 과정에서 그는 경정배양법은 바이러스 프리화뿐만 아니라 효율적인 식물체 증식법으로도 큰 가능성을 지니고 있다는 사실을 밝혀냈으며 이에 대한 기술적인 검토를 추가하여 현재 널리 행해지고 있는 양란의 대량증식법의 기초를 마련했다.

그 후 실용화를 위해서 몇 차례나 개량되어 기본적으로는 아래와 같은 방법으로 클론증식이 이루어지고 있다.

양란의 경정조직 0.1 mm 정도를 통상의 방법에 따라 무균적으로 떼어내고(그림 3.8) 한천 또는 액체배지에 이식하여 1~2개월 배양하면 지름이 1~2 mm인 프로토콤상의 구체(球体)가 된다.

이 프로토콤상의 구체(球体)는 더욱 작은 구(球)로 분열하여 증식하지만 프로토콤상의 구체를 인위적으로 2 또는 4분할해서 배양하면 각각의 절단면에서 또 새로운 프로토콤상의 구체가 형성된다. 이렇게 증식된 프로토콤상의 구체는 각각 발아・발근하여 어린 식물로 분화한다(**그림 3.11**).

프로토콤 증식 능력은 난의 종류에 따르기도 하지만 심비디움은 하나의 경정조직에서 수개월간에 100만개 이상의 어린 식물을 얻을 수 있는 보고가 있어 자연계의 증식과 비교해 매우 효율적이라고 말할 수 있다. 이렇게 해서 얻어진 묘는 자연계의 묘와는 구별하여 **메리클론**(mericlone)이라 부른다.

양란의 경정배양은 기술적으로 카틀레야와 같이 비교적 어려운 것에서부터 심비디움과 같이 쉬운 것까지 종류에 따라 다양하지만, 모두 고가인 만큼 바이러스 프리화에 의해 부가가치가 상당히 높아지므로(앞 항 참조) 현재로서는 많은 종류에 대한 배양방법이 확립되어 실용화되고 있다.

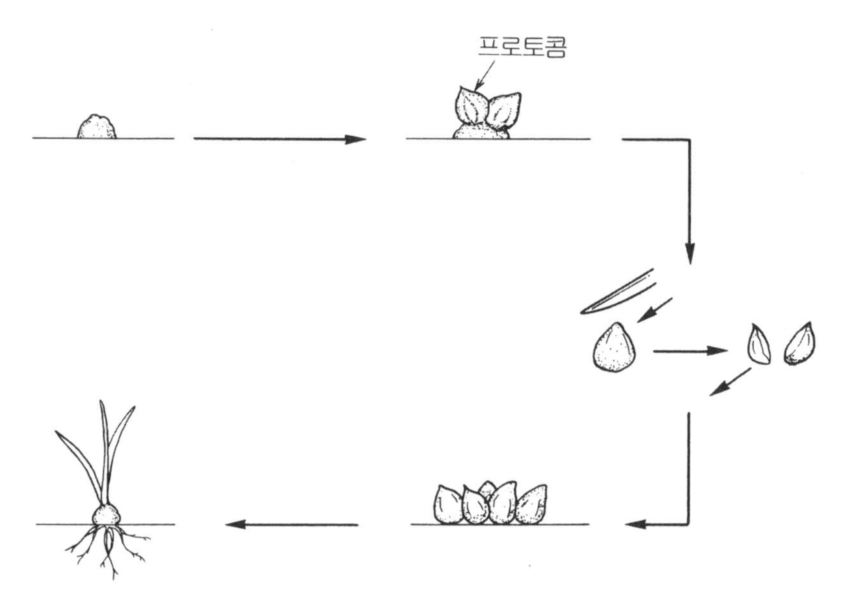

그림 3.11 양란의 경정배양

카네이션

양란과 마찬가지로 카네이션도 클론증식에 의한 대량번식이 활발히 이루어지고 있다. 일본에서는 연간 2000만 주 이상의 카네이션 묘가 생산되고 있는데, 그 중에서도 메리클론 묘의 생산량이 가장 많다. 카네이션은 종래부터 삽목에 의한 증식 체계가 확립되어 있으므로 경정배양에 의해 바이러스 프리화한 식물체도 삽목으로 증식시켜 바이러스 프리화된 묘를 대량생산되고 있다(그림 3.6).

생산 과정에 있어서 조직배양법이 이용되는 것은 최초의 경정배양에 의해 바이러스 프리화된 부분뿐이고, 이후 과정에서는 진딧물 등에 의한 매개 바이러스 감염을 막으면 된다. 딸기에도 같은 방법이 이용되어 높은 생산성을 올리고 있다. 그러나 이 방법에 의한 바이러스 프리 식물의 대량번식은 효율이 높은 증식 체계가 확립되어 있는 경우에만 가능하다.

대량증식의 방법

양란의 대량증식에 이용되고 있는 것과 같이 조직배양에 의한 식물체의 대량증식 기술 개발이 생산성 향상을 위한 최대 포인트가 된다.

앞 장의 기술편에서 소개한 것 중 세계적으로 식물조직배양에 가장 널리 이용되고 있는 Murashige & Skoog 배지의 개발자인 캘리포니아 대학의 Murashige는 조직배양에 의한 클론식물의 대량번식 프로세스가 3개의 단계에 따라 구성되어 있다고 했다(그림 3.12).

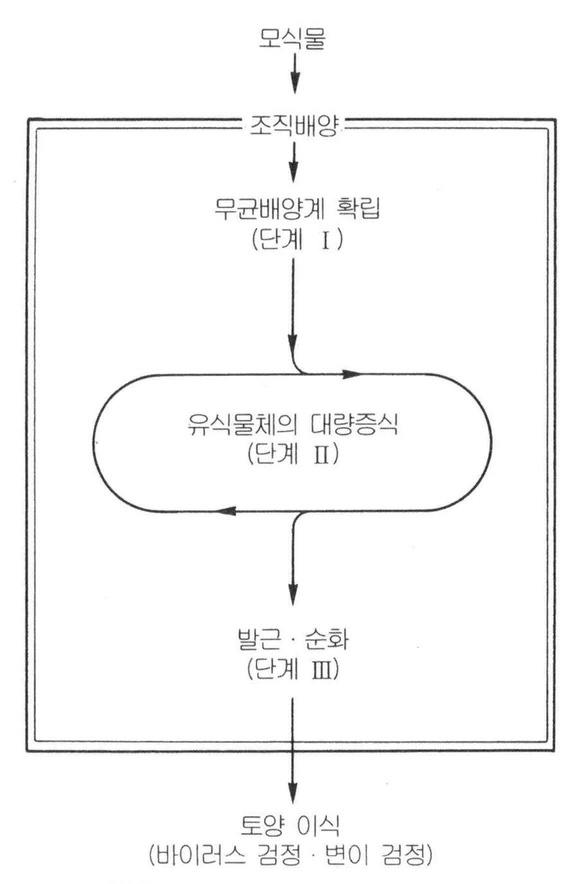

그림 3.12 클론식물의 대량번식법

첫째는 가장 기본이 되는 무균배양계의 확립으로, 앞에서 상세히 기술했지만 실제로는 바이러스 프리화의 달성도 대부분 이 과정에 포함된다. 즉, 이미 바이러스 프리 식물체가 생산, 보존되어 있는 경우에는 그 조직편 표면살균법에 의해 무균배양계가 확립되지만, 그렇지 않은 경우에는 일반적으로 경정(莖頂)배양을 하여 바이러스 프리의 무균배양계를 확립한다.

제2단계는 이렇게 확립된 배양조직에서 유식물체의 분화를 유도하는 배양조건을 설정하고 이에 따라 계속해서 유식물체를 분화시키면서 증식하는 배양계를 확립하는 데 있다. 그리고 제3단계는 토양 이식을 위한 전단계로 제2단계에서 얻은 식물체 부분(유식물체 ; 芽)에서 발근을 촉진시킴과 동시에 시험관 안에서 자연계로 옮기면서 외적 환경의 현저한 변화에 대응할 수 있도록 순차적으로 건조, 강광(태양광)에 익숙하도록 **순화**를 시킨다. 목적으로 하는 식물의 종류 및 제2단계에서 이루어진 배양조건의 설정방법에 따라서 이 단계는 생략 가능하다.

이들 3개의 단계를 거친 후에 변이 검정 · 바이러스 검정 등이 이루어져 유식물체로 출하되고 있지만, 생산성 향상이라는 점에서 보면 제2단계의 배양조건 설정이 최대의 포인트가 된다.

거베라의 조직배양에 의한 대량번식을 예로 한 Murashige의 계산에서는 이론값으로 한 그루가 연간 2억 주, 실제로도 100만 주 이상을 생산할 수 있다. 그러나 이것은 목적으로 하는 식물의 종류에 의한 것임은 물론이며, 어떠한 기관 · 조직을 재료로 어떠한 과정을 거쳐 식물체를 재생시킬 것인가, 또 이를 위해서는 어떠한 배양환경 및 배양규모를 설정할 것인가에 따라 생산성이 크게 좌우된다.

유식물체와 뿌리의 유도

제2단계에서 유식물체의 대량증식에 대해서는 몇 가지 방법이 고안되어 실용화되고 있는데, 그 중에서도 가장 자주 이용되는 것이 **측아 형성법**(側芽形成法)과 **시험관내 삽목법**이다. 식물의 눈은 정아(頂芽), 측아(側芽), 부정아(不定芽)의 3가지로 구별할 수 있다(**그림 3.13**). 식물에서 정아를 제거하면 측아의 생장이 활발해지는 **정아우세**(頂芽優勢)현상은 자연계에 이미 알려져 있고, 이것은 정아 제거에 의해서 내생하는 옥신 농도가 내려가기 때문이라고 알려져 있다.

이것에 비해 시토키닌은 옥신과는 반대로 측아 형성을 촉진하는 효과를 가지고 있고, 이 현상에 기초하여 시토키닌을 첨가한 배지에서 식물체를 배양해 순서대로 형성되는 측아로부터 식물체를 생육시키는 방법이 측아 형성법이다(**그림 3.14**).

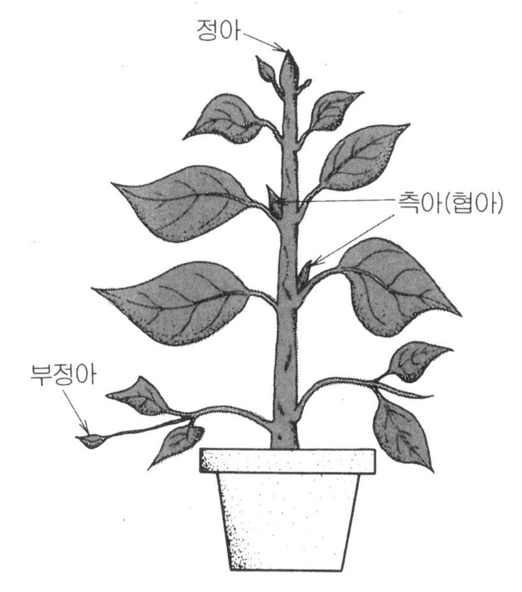

그림 3.13 식물에 나타나는 싹의 종류

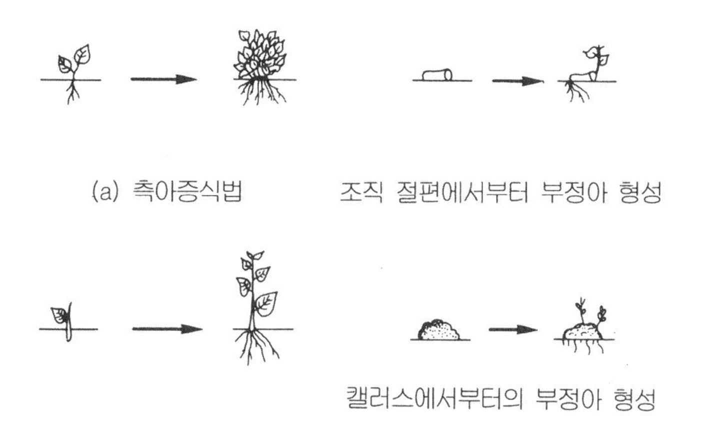

그림 3.14 제2단계의 싹의 대량증식법

이 방법에 의해 형성된 측아를 포함한 줄기조직을 절단하여 다른 배지에 이식하여 배양하는 시험관내 삽목법에 의해 식물체로까지 자라나는 경우가 많다. 시험관내 삽목법은 이름대로 시험관 내에서 무균적으로 삽목을 하는 방법으로 측아뿐만 아니라 다른 조직·기관도 외식편(外植片)으로 사용된다.

경정배양도 시험관내 삽목법의 하나로 볼 수 있다. 이들 방법은 매우 효율적이므로 식물체를 육성하는 것이 용이하며 또 형성된 식물체에 변이도 적다는 점에서 클론증식에 있어 가장 널리 이용되는 방법이다.

정아(頂芽)・측아(側芽)가 각각 식물체의 선단부 및 잎・줄기의 시작 부분과 같이 형성 부위가 정해져 있는 것에 반해, 불특정한 부위에 싹이 형성되는 경우가 있으니, 이것을 부정아로 구별해서 부른다(그림 3.13). 나무의 두꺼운 줄기로부터 갑자기 가는 줄기가 뻗어 있는 것을 보게 되는 경우가 있는데 이것은 부정아에서 형성된 것이다*.

이러한 부정아를 배양조직에 의해 형성시키고 이것에 뒤이어 부정근의 유도를 거쳐 식물체를 재생시키는 방법을 **부정아 형성법**이라 한다(그림 3.14). 이 방법에는 외식 조직편에서 직접 부정아를 유도하는 방법과 완전히 탈분화한 캘러스에서 부정아 유도를 하는 방법이 있다. 배양조직으로부터의 부정아 유도는 배지 내의 옥신과 시토키닌의 분량비를 변화시킴으로써 이루어지지만(본 절 클론증식이란 p.83 참조) 식물 및 이용하는 조직에 따라 최적량비는 다르다. 또 특히 캘러스에서의 부정아 유도법에 따라 재생한 식물체에서는 변이가 나타나는 경우가 가끔 있으므로 배양조건의 설정법 등을 포함해 주의할 필요가 있다. 재생식물체에 있어 변이 발생률은 목적으로 하는 식물의 종류에 따라서도 크게 다르며, 백합 등과 같이 캘러스에서 재생한 경우라도 변이 발생률이 낮은 것도 있다.

부정배의 형성

측아 형성법, 시험관내 삽목법, 부정아 형성법은 모두가 신초 또는 다른 영양기관을 대량증식한 후에 뿌리(부정근 ; 不定根)를 유도하는 2단계의 과정을 거쳐서 어린 식물체를 형성시키는 방법이지만, 또 다른 클론증식법의 하나인 부정배 형성법은 종자 발아의 경우와 같이 신초 또는 뿌리가 동시에 유도・형성되어 식

---

* 식물조직배양에 있어서는 부정아・부정근・부정배 등의 말이 종종 사용되지만 그것은 이것들이 유래한 조직・세포 및 그 형성 양식이 자연계에 있어서 일반적인 경우와는 다르므로, 「부정」이라는 말이 부가되어 구별된다고 생각해도 좋을 것이다.

물체 재생이 이루어진다는 점에서 다른 방법과는 이론적으로 크게 다르다.

이 방법은 스튜어드에 의해 밝혀진 당근 배양세포로부터 부정배를 형성하는 것을 이론적 배경으로 하고 있으며, 이 현상은 현재 많은 배양세포계에서 보고되어 있다. 배양세포로부터 식물체를 재생하는 양상은 캘러스의 부정아 형성에 의한 식물체 재생의 경우와 외관상 구별이 어렵지만, 최근의 연구에는 단세포로부터 부정배를 형성하는 과정이 상세히 검토되어 하나의 세포가 분열증식하여 세포 덩어리를 형성해 가는 초기 과정에서 극성(極性)이 나타나 신초와 뿌리 양방향으로 세포가 분화하는 모습이 관찰되어 있다(그림 3.15).

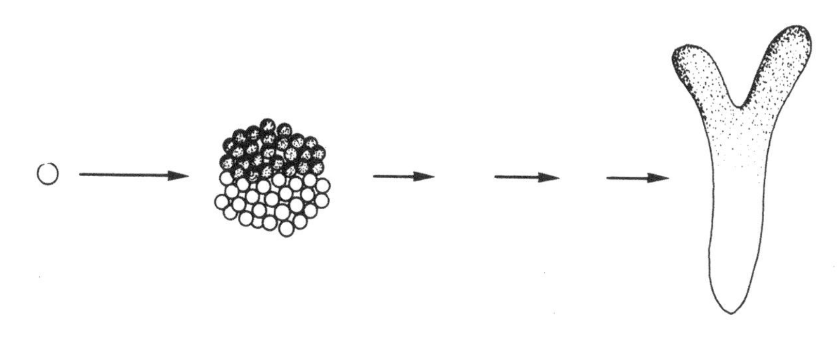

그림 3.15 단세포에서의 부정배 형성

이것은 배 발생(胚發性)과 같은 형식을 취한다는 점에서 인공종자 개발의 기반이 되는 클론증식법이며, 구체적인 사항에 대해서는 다음 절을 참조하길 바란다.

대량증식법의 현상

제2단계의 신초를 대량증식하는 부분에 관해서는 몇 가지 방법이 있고 방법론 및 각각의 배양조건 설정에 관해서는 충분한 검토가 필요하다. 예를 들면, 어느 식물의 배양계에서는 부정아, 부정근이 쉽게 형성되지만 부정배 형성은 전혀 관찰되지 않는 경우가 있고, 어느 식물에서는 반대로 관찰되는 경우도 있다. 또 배양조건의 설정은 재생식물체의 변이 발생률이라는 질적인 면에서부터 배양 시작 후 식물체 생산까지 필요한 시간 및 생산량이라는 양적인 것까지 좌우하게 된다.

조직배양에 있어서 식물의 대량번식을 실용화할 때는 목적에 부합한 배양의 기술적인 방법론 설정이라는 과제 외에 식물조직배양법 자체가 지니고 있는 조작의 번잡성이 문제가 된다. 제1단계에서 무균배양계를 확립할 때, 특히 경정배양법은 기술적 숙련을 요구하므로 현 단계에서는 숙련자의 수작업에 의지할 수밖에 없다. 그리고 일단 확립된 배양계는 일정 기간마다 계대배양을 해야 함은 물론 대량증식 제2단계에서 다수 형성된 신초를 사람의 손에 의해 무균적으로 하나씩 분리하고 발근용 배지로 옮겨야 한다. 또 이 과정에서는 다양한 배지조성과 다수의 유리기구류 세정 및 멸균 작업도 병행해야만 한다.

1960년대 양란의 클론증식에 의한 종묘(種苗) 생산이 기업화되어 현재는 유럽과 미국, 일본을 중심으로 양란뿐만 아니라 화훼, 채소, 과수 등의 클론증식을 목적으로 종묘를 생산하는 회사가 다수 설립되어 있다. 이들 기업은 모두가 소규모이고 경영 부분 외에 몇 명의 개발 연구자 겸 생산 관리자와 수십 명의 파트타임 고용자로 구성되어 있으며, 설비 구성 및 노동 능률(예를 들면 2교대제)이라는 면에서 운영의 효율화를 꾀하고 있다. 그러나 생산라인 유지는 인해전술(숙련자)에 의지할 수밖에 없는 상황으로, 이것이 생산규모의 확대를 가로막는 최대의 원인이다. 따라서 작업공정의 자동화, 간소화가 부각되고 있지만 전술한 바와 같이 목표 식물에 맞는 생산법의 다양성과 생산 중간체(부정아, 캘러스 등) 형상의 다양성이 풍부한 범용성(汎用性)이 있는 설비·기구의 개발을 어렵게 하고 있다.

생산공정 중에서 사람 손을 가장 필요로 하지만 비교적 단순한 작업인 배양 조직의 분할·이식 공정에 대해서는 로봇 사용에 의한 자동화 연구가 최근 진행되고 있다. 로봇의 개발에 있어서는 배양조직편의 크기, 형상, 견고 등 다양성에 대응 가능하도록 형상기억 합금의 준비가 고찰되고 있으며 현재 연구실 수준의 개발공정에 있어 장래 기대가 크다.

액체배양에 의한 대량증식

세계적으로 큰 시장 규모를 가지는 식물, 즉 채소류 등의 클론증식을 목적으로 하는 경우에는 대량배양에 의해 생산비용을 절감하고 생산규모의 확대를 꾀할 필요가 있다. 현재 실용화되고 있는 고형배지를 이용한 클론증식법에서는, 생산규모의 확대는 노동력 증감과 배양본 수의 확대가 되므로 스케일의 이점을 거의 볼 수 없다. 그래서 생산규모의 확대뿐만 아니라 생산공정의 간소화, 생산 사이클(배양기간) 단축 등에 의해 생산성 향상을 꾀하고 비용을 절감하는 것을 목적으로 대형 배양조(탱크)를 이용한 액체배지에 의한 클론증식법이 연구 개발되고 있다.

액체배양법의 장점

액체배양법은 원래 미생물과 동물의 세포배양에 이용되어 왔다. 식물분야에 있어서도 고형배지에 의한 캘러스배양에 비해서 액체배지에 의한 현탁배양은 계(系) 자체의 균일성이 높다는 점에서 식물의 생리화학연구의 뛰어난 실험계로서 실험실 단계에서는 널리 이용되고 있다.

즉, 캘러스배양에서는 배지에 접하고 있는 부분과 배양기 내 공기중에 노출되어 있는 부분, 또한 캘러스 표면과 중심부에서는 각각의 세포가 놓여진 환경이 다르므로 세포의 생리상태도 달라지지만, 현탁배양계는 비교적 균일한 생리 활성을 가지는 세포집단으로 취급할 수 있다. 이점은 식물생리학과 같은 기초 연구뿐만 아니라 응용분야인 배양세포에 의한 유용물질 생산에도 이용되어, 현재 현탁배양계에 의한 유용물질의 효율적인 생산법이 개발되고 있다(3.6절 참조).

액체배양은 탈분화한 상태인 세포의 현탁배양뿐만 아니라 기관배양에도 적용할 수 있으나 클론증식 과정은 주로 후자의 배양방식이 이용된다(그림 3.16).

액체배양에는 몇 가지 특징이 있지만, 이 중에서도 고형배지에 의한 경우에 비해 식물조직(세포)의 증식이 매우 빠르다는 것이 최대의 특징이자 이점일 것이다. 이것은 조직과 배지의 접촉면적이 크므로 물질 교환율, 즉 양분, 산소의 흡수나 노폐물의 배출 효율이 높아져 증식속도를 증대시키고 있다.

한천배지를 이용하는 종래의 방법으로 재생식물체를 얻기 위해서는 수개월의 배양기간을 필요로 하던 것이 액체배양법에서는 몇 주 정도로 단축된 예도 많아 생산효율이 현저히 향상된다. 또 이식 조작의 용이함도 액체배양의 특징 중 하나이다. 즉, 한천배지에서는 제2단계에서 다수 형성된 싹을 하나하나 분리하고 이식할 필요가 있으며, 이 과정은 다수의 사람손에 의지할 수밖에 없지만 액체배양에서는 이것을 덩어리로 취급하여 이식이 가능하므로 이것에 의해 다수의 식물체가 재생된다. 싹 덩어리는 액체 속에 부유하고 있으므로 무극성화하여 정아우세에 의한 측아의 생육 억제도 보이지 않고 동시에 다수의 싹이 형성된다. 게다가 이러한 액체배양에 의해 재생된 식물체의 상당수는 제3단계에서 발근 촉진·순화과정을 거쳐 직접 토양으로 이식하고 활착(活着)시킬 수 있다.

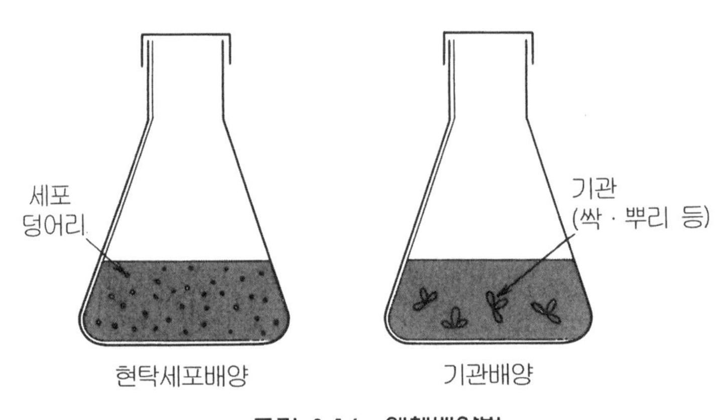

그림 3.16 액체배양법

액체배양을 위한 장치

액체배양에 의한 클론증식법은 생산성의 향상이라는 점을 고려하면 매우 뛰어난 방법이며, 나아가 스케일 업에 의해 대형 배양조를 이용한 대량배양이 가능하다. 대량배양을 위한 배양조는 목표로 하는 배양물 및 배양규모에 따라 다양한 타입이 개발되어 있다(그림 3.17).

일반적으로는 온도, pH, 용존 산소량 등 모니터용 센서가 갖춰진 것이 많고 기본적으로 산소 공급 시스템, 관주 방법에 대해 특징을 가지는 몇 가지의 타입이 있어서 이것을 목적에 맞게 개량해서 이용하는 경우가 많다.

클론증식에 의한 종묘의 생산을 목적으로 하는 경우에는 1~20 l 정도의 자퍼멘터(jarfermentor)라 불려지는 배양조가 자주 이용된다.

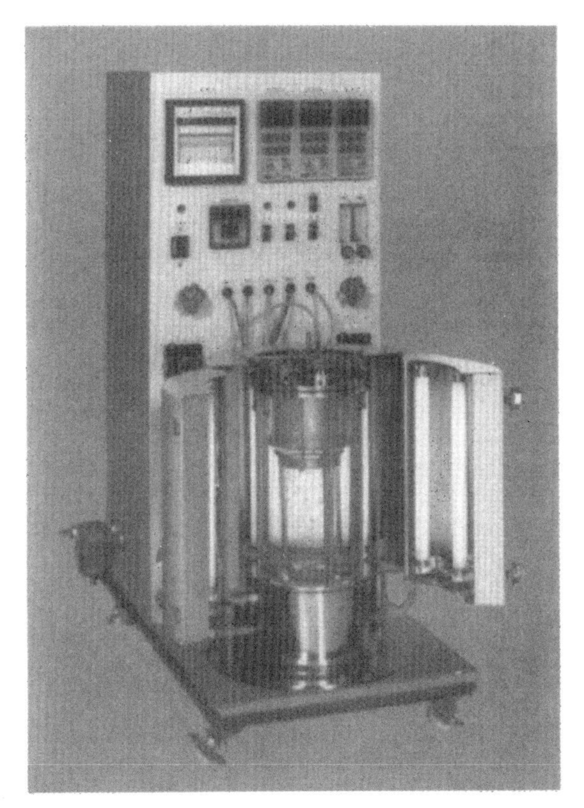

그림 3.17 광조사형 10 l 자퍼멘터
(高杉製作所製 TS-R형)

미생물배양이나 식물세포배양에 있어서도 유용물질 생산을 목적으로 하는 경우에는 대형 배양조가 사용되고 있지만, 식물의 클론증식의 경우에는 조건의 최적화에 따라 10 l 정도의 자퍼멘터 1대당 수천 개의 식물체 생산이 가능한 충분한 규모라 말할 수 있다. 또 20 l 이하의 자퍼멘터라면 대형 오토클레이브로 멸균이 가능하며 조작성도 높아 배양기간 중에 미생물 오염 위험도도 낮다.

배양세포의 종류에 관계 없이 산소의 공급은 증식률을 향상시키기 위한 중요한 요인이며, 현탁배양세포계의 경우에는 교반 장치를 장착한 배양조가 이용된다. 이것에 비해 클론증식을 목적으로 하는 배양과정은 일종의 기관배양으로 배양물에 물리적인 손상을 주는 일없이 충분한 산소 공급을 할 필요가 있다.

따라서, 클론증식을 위한 배양조로는 **기포탑형**(氣泡塔型) **퍼멘터** 또는 **통기형**

자퍼멘터(그림 3.18)가 기본적인 타입으로 이용된다. 또 반대의 발상이라고도 말할 수 있는 타입, 즉 공기중에 놓여진 배양물에 대해 배양액을 뿌리는 방식의 **기상형**(氣相形) **배양조**도 고찰되고 있다(그림 3.19).

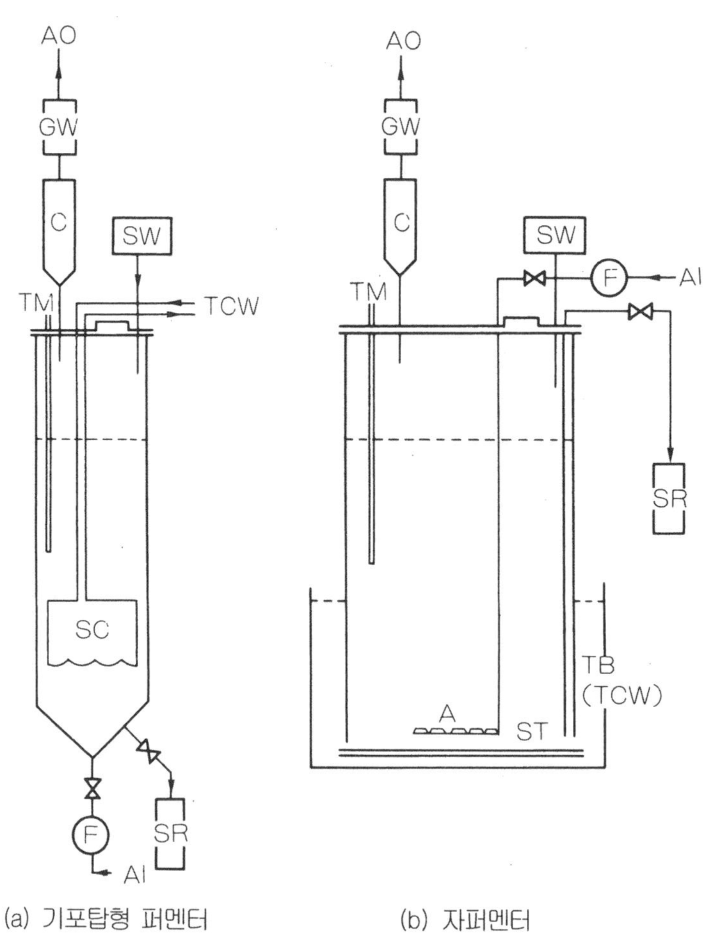

(a) 기포탑형 퍼멘터 (b) 자퍼멘터

AI	: 송기(에어 컴프레서에 의해)	AO	: 배기 C : 냉각관
F	: 무균 필터(에어용)	GW	: 글라스 울 필터
SC	: 온도조절용 스파이럴관	SR	: 샘플링 용기
SW	: 무균수(보급용)	TB	: 항온수조
TCW	: 온도 제어되는 물	TM	: 온도계

그림 3.18 식물 기관배양에 이용되는 배양조
(Takayama and Misawa, 1982[20])

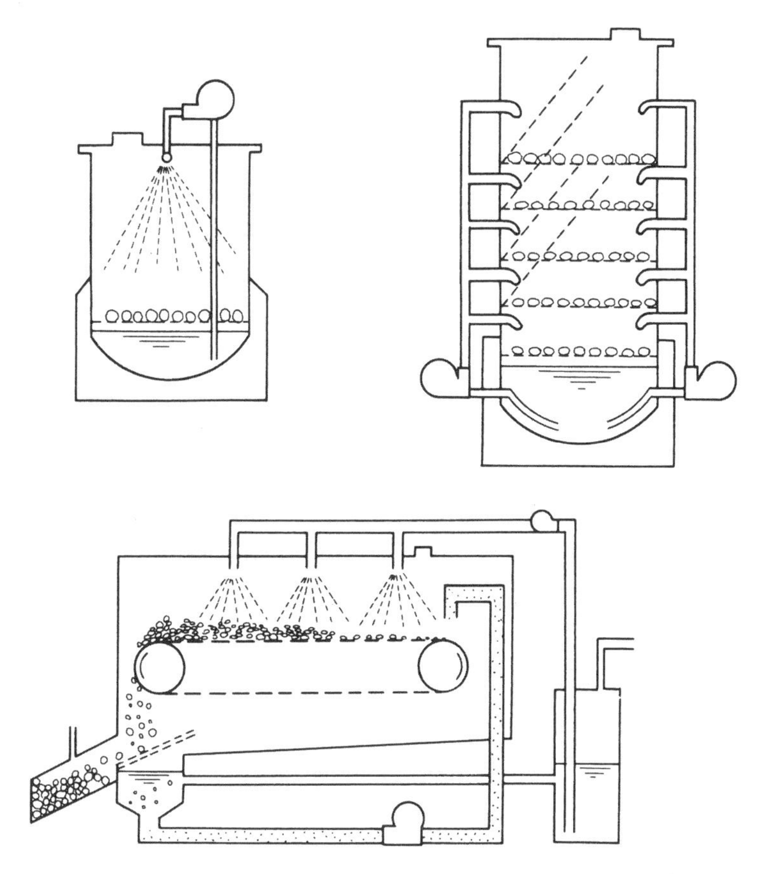

그림 3.19 식물조직배양용 기상배양 장치(牛山 외, 1984[21] 변경)

원래부터 지하부에 형성되어 있는 괴경, 구근류를 클론증식의 대상으로 하는 경우 빛은 필요하지 않지만, 이른바 싹(유식물체(幼植物体))의 대량증식에 있어서는 광조사(光照射)가 필수적이다. 배양조 내에서 괴상(塊狀)으로 증식한 식물체에 효율적이며 균일한 광조사를 할 것인가는 액체배양을 할 때 중요한 기술 과제이며, 유리 자퍼멘터 외부로부터 광조사를 행하던 종래의 방법(그림 3.17)에 덧붙여 광섬유를 조 내에 도입해 내부에서도 광조사를 하는 방법이 고안되어 있다(그림 3.20).

자퍼멘터에 의한 클론증식 실용화에 있어서는 목표로 하는 식물에 적합한 각종 배양조건의 검토가 필요하며, 많은 기업에서 연구 개발이 이루어지고 있다.

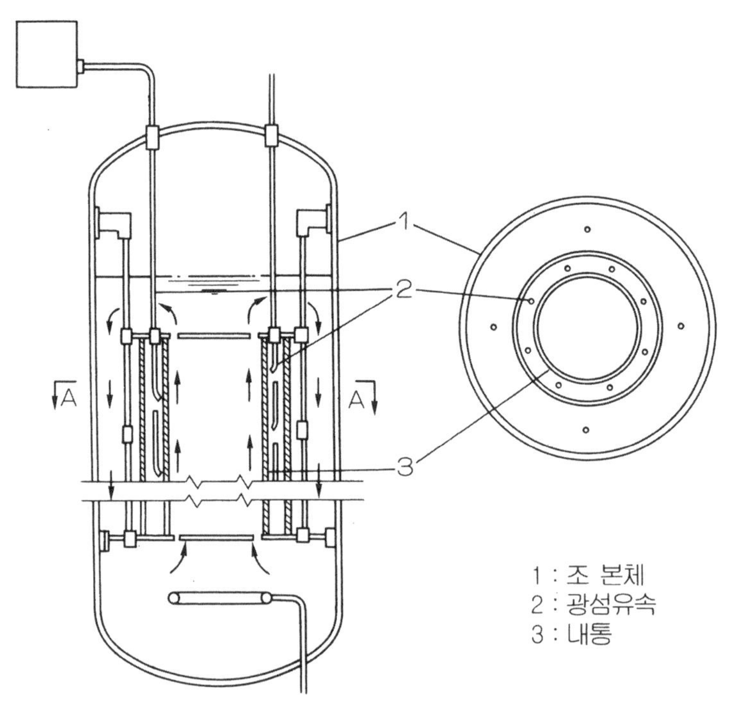

그림 3.20 광합성 배양조(池田 외, 1985[22] 변경)

그 중에서 일본 와키와(協和)발효공업에서 개발하고 있는 자퍼멘터를 이용한 클론식물의 대량증식법의 몇 가지를 소개하려 한다.

※ 백합(인경구 증식)

와키와발효공법에서는 백합의 각종 품종을 이용하여 인경구의 클론증식에 의한 대량번식법에 대해서 상세한 검토를 하고 있으며, 품종에 따라 최적 배양조건의 차이는 있어도 기본적으로는 아래의 순서에 따라 대량배양이 가능함을 제시하고 있다.

우선, 백합의 인경구를 재료로 하여 생장점배양에 의해 바이러스 프리의 무균배양계를 확립한다. 백합의 인경구는 다수의 인편(鱗片)으로 구성되어 있고, 이것을 벗겨서 생장점을 분리하고 배양함에 따라 바이러스 프리의 자구(子球)를 형성시킨다. 이러한 자구의 인편을 출발재료로 대량배양을 한다. 자구로부터 분리된 인편을 고농도의 시토키닌(벤질아데닌 3 mg/*l*)을 포함하는 배지에서 배양함으로써 인편을 대량증식시키고 다음으로 무기염 농도를 낮추어(Murashige & Skoog의 배지를 1/2로 희석) 당농도를 높임(수크로오스 6%)에 따라 자구(子球)를 형성하고 비대시킨다(그림 3.21).

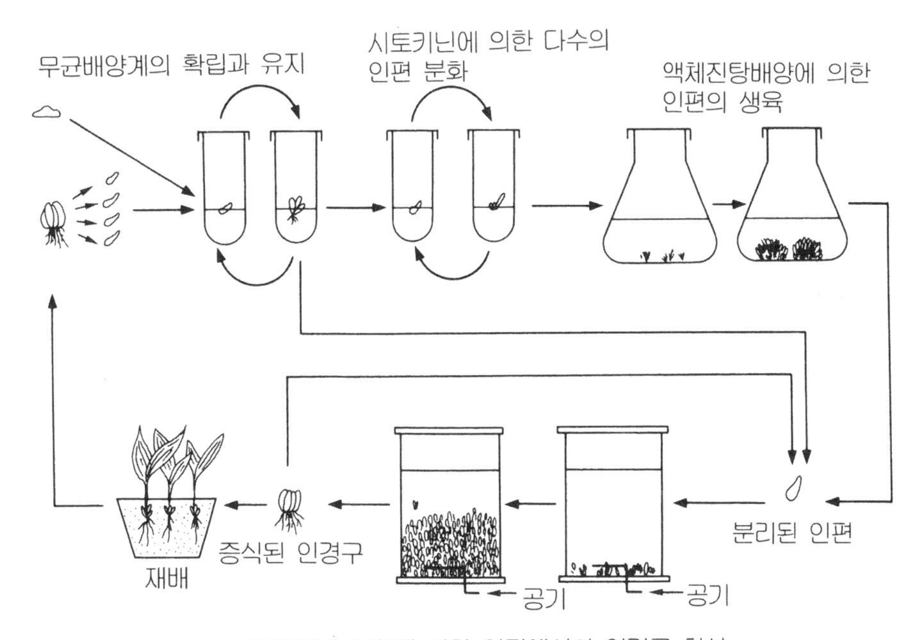

그림 3.21 자퍼멘터 배양에 의해 백합의 대량증식 공정(高山, 1989[2])

이렇게 해서 얻어진 충분히 비대한 인경구(15 g 이상)는 토양 이식 후 쉽게 활착하고 식물체의 생육, 개화 특성도 균일하며 유전적 변이도 거의 보이지 않는다.

☼ 딸기(묘의 증식)

딸기도 바이러스 프리화된 묘의 수요가 많은 농작물의 하나로 자퍼멘터를 이용한 액체배양에 의한 대량증식이 개발되어 있다(그림 3.22). 이것은 경정(莖頂)배양에 의해 바이러스 프리의 무균배양계를 확립한 후에 싹을 분화시키고 자퍼멘터로 옮겨 증식시켜 식물체를 얻는 방법이다.

이 방법에 의해 생산된 식물체는 제3단계의 발근, 순화과정을 거쳐 직접 토양으로 이식이 가능하여 생산성이라는 점에서 보면 매우 유효한 방법이다.

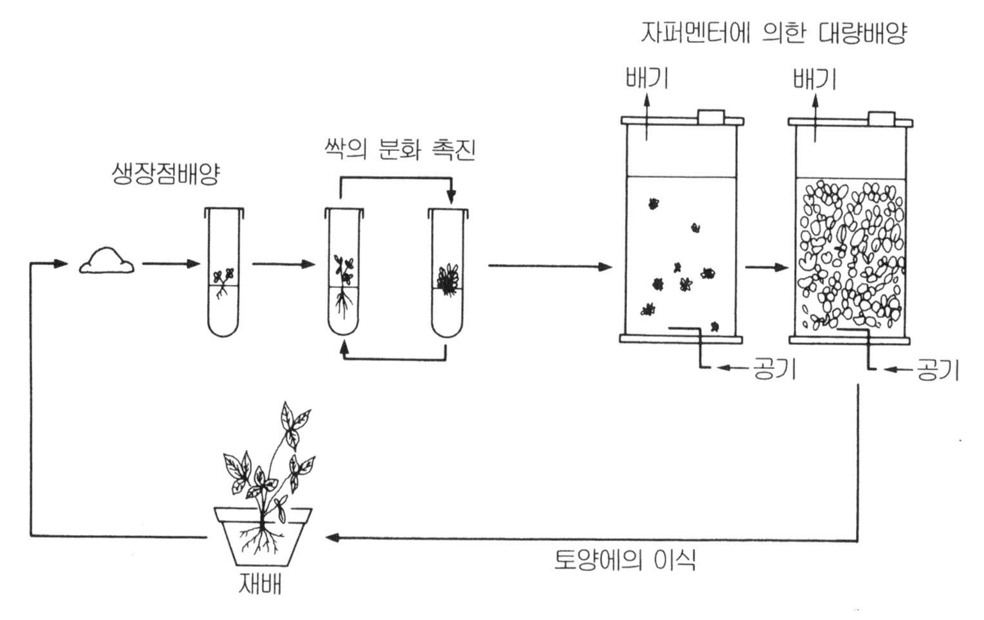

(a) 자퍼멘터에 의한 딸기의 대량증식 공정

(b) 자퍼멘터로부터 나온 딸기의 클론 묘
(손으로 쉽게 분할하여 토양에 이식할 수 있다)

그림 3.22 자퍼멘터에 의한 딸기의 대량증식(高山, 1989[2])

감자(씨감자 증식)

감자는 다른 곡물과 마찬가지로 세계적으로 큰 시장규모를 가지는 농작물이다. 바이러스 감염에 의한 감자의 수확량 감소율이 커서 경정배양에 의한 바이러스 프리 식물체를 이용한 재배가 세계적으로 보급되어 있지만, 카네이션과는 달리 바이러스 프리 식물체의 유지가 매우 어려우므로 일단 확립된 바이러스 프리 식물체로부터 영양체번식에 따라 차례로 식물체를 생산하는 방법을 적용할 수 있다.

바이러스 프리 미니감자*의 대량생산법이 세계적으로 수요가 늘어나자 와키와발효공법의 타카야마그룹은 이것을 자퍼멘터에 의해 대량 생산하는 방법을 개발하고 있다. 이 방법은 기본적으로 광조건, 수크로오스 농도가 다른 2단계 배양으로 구성되어 있고, 제1단계에서 충분히 식물체를 생육시킨 후에 제2단계로 암흑 속에서 당의 공급량을 높임에 따라 다수의 미니감자를 형성시키는 방법이다(그림 3.23).

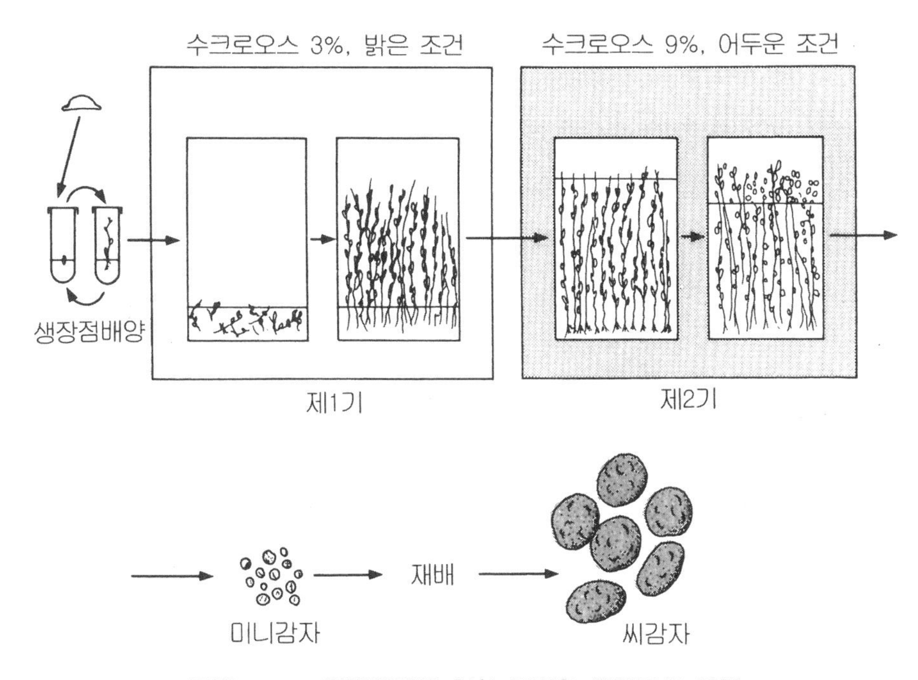

그림 3.23 자퍼멘터에 의한 감자의 대량증식 공정
(秋田와 高山, 1989[23])

* 마이크로 감자라고도 불리며, 이것을 재배하여 다시 대형의 씨감자를 얻는다.

여기에서는 조직배양에 의한 식물의 대량번식법에 대해서 기술했지만, 현재도 개발 연구가 활발히 이루어져 점차 각종 식물에 적용되고 있다. 대상이 생물인 한, 그 다양성에 대한 기술적 대응은 가장 중요한 과제로 항상 존재한다. 그러나 그 중에서도 몇 개의 범주를 산출해서 각각 대응시킨 비약적인 진보가 형성되어 있다. 따라서 이 분야에서도 가까운 미래에 범용성(汎用性)이 높은 방법론이 확립되어 이것에 기초하는 새로운 배양공학적인 전기가 기대된다. 이 중에서도 선구적 존재라 말할 수 있는 인공종자의 개발에 대해서 다음에 서술하기로 한다.

3.3 인공종자

자연계에 있어서 종자는 수분, 수정이라는 유성생식 과정을 거쳐 형성된 배와 발아에 필요한 양분 또는 이들을 물리적으로 보호하기 위한 종피(種皮)로 구성된다. 이들 중에서 배 부분을 조직배양을 이용한 클론증식에 의해 얻어진 부정배(체세포배)로 바꾸어 양분과 함께 캡슐화한 것이 인공종자(artificial seed)이며, 종자 형태는 자연계에서 배유(胚乳)를 가지고 있는 타입의 종자에 해당한다(그림 3.24).

인공종자의 개념 및 제조법은 미국의 벤처 비즈니스인 프랜트 제네틱스社에 의해 고안, 개발되어 특허 출원이 이루어지고 있다. 이 회사에서는 발아율이 뛰어난

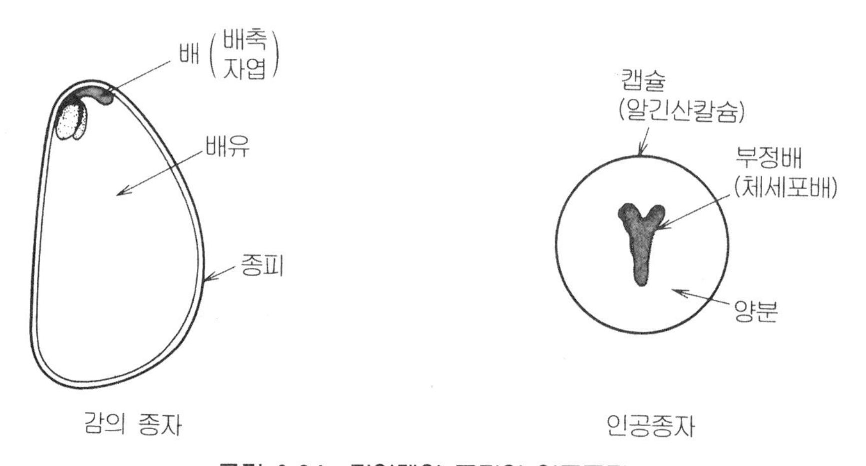

그림 3.24 자연계의 종자와 인공종자

앨팰퍼(alfalfa) 인공종자를 개발하고 있고, 일본에서도 기린 맥주가 상추, 샐러리 등의 인공종자 개발을 하여 성과를 거두고 있지만(그림 3.25), 동시에 많은 기술 과제도 남겨져 있어 현재 실용화 단계까지는 이르지 못하고 있다.

(a) 프랜트 제네틱스社 팜플렛의 표지에 소개되어 있는 인공종자

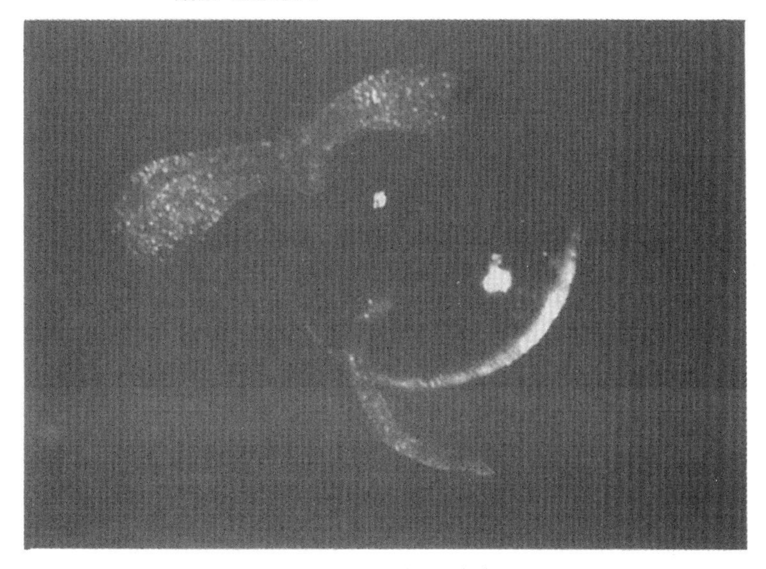

(b) 인공종자의 발아

그림 3.25 프랜트 제네틱스社의 인공종자 (프랜트 제네틱스社의 팜플렛)

그러나 묘에 비해 인공종자는 원래 종자 자체가 지니는 보존성, 운반, 이식을 포함해 취급이 용이하다는 이점이 있고 부정배의 대량배양에서부터 캡슐화에 따른 인공종자 제작까지를 일관하여 공업과정에 넣을 수 있다는 점에서 클론증식을 목적으로 할 경우 매력적이며, 현재 급속히 개발이 진행되고 있다.

그리고 인공종자 개발에 있어서 최대의 포인트가 되는 것은 균일한 양질의(형성된 식물체에 변이가 인정되지 않는다) 부정배를 얼마나 효율적으로 대량생산할 것인가 하는 점이다.

부정배의 이용

1958년 스튜어드에 의해 행해진 당근 배양세포로부터 부정배를 형성하고 식물체를 재생시키는 실험 이후, 부정배 형성은 식물의 발생·분화의 기구(機構) 해석을 위한 중요한 실험계로 주목받아, 기초 연구에서부터 효율적 유도법이 검토되어 성과를 거두고 있다. 그 중 한 가지로 당근 현탁배양세포로부터 세포의 분획 및 옥신 제거에 따른 동조적(同調的) 부정배 유도법이 있다(그림 3.26).

이 방법에서는 2, 4-D 존재하에 배양한 현탁배양세포를 나일론망에 통과시켜 세포 덩어리를 사이즈별로 분획한 후, 피콜을 이용한 밀도구배원심(密度勾配遠心)에 따라 비중에 따라 분획을 한다. 이렇게 해서 얻어진 균질한 세포군을 2, 4-D를 뺀 배지로 옮겨 배양을 하면 세포 덩어리로부터 구상배, 심장형배, 어뢰형배가 차례차례 동조적으로 형성되고 최종적으로 자엽(子葉)이 발달한 부정배가 효율적으로 형성되고 나서(그림 3.27) 완전한 식물체로 자라난다. 이 과정에 따라 수동으로 세포 선택을 한 경우에는 단세포로부터 90% 빈도로서 동조적으로 부정배가 유도된다. 이러한 연구 결과는 인공종자 개발에 있어서 기본이 되는 것이지만 실용화시키려면 큰 문제가 따르게 된다.

배양세포로부터 부정배를 유도하는 현상은 당근 등의 미나리과나 가지과의 식물군에서 보고된 것이 많고, 최근에는 이외의 속(屬), 과(科) 식물의 배양세포로부터 부정배의 형성도 보고되고 있다.

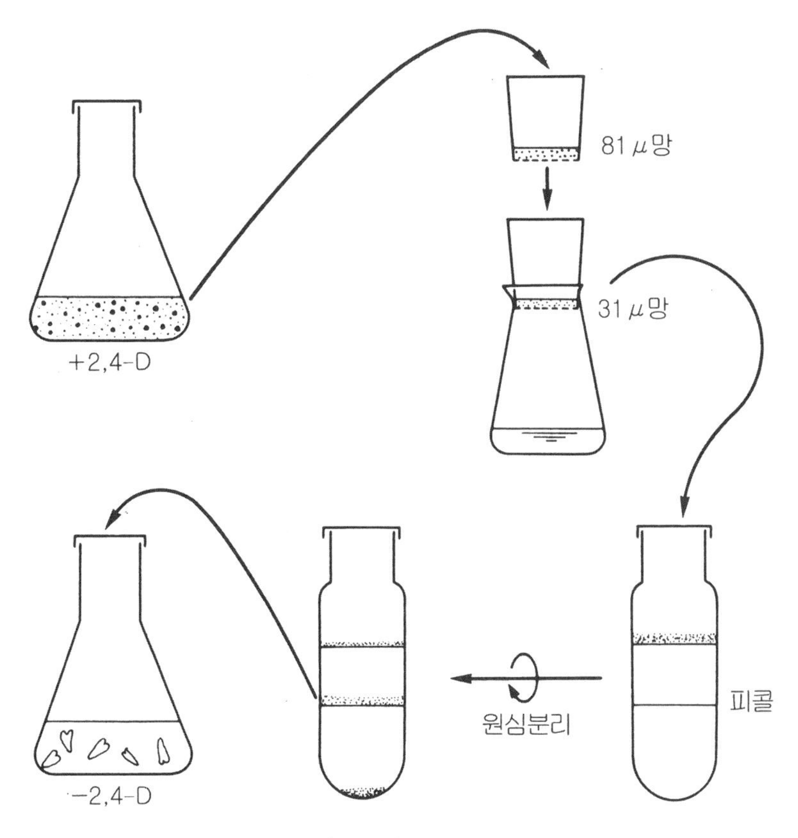

그림 3.26 당근 현탁배양세포에서의 부정배 유도법

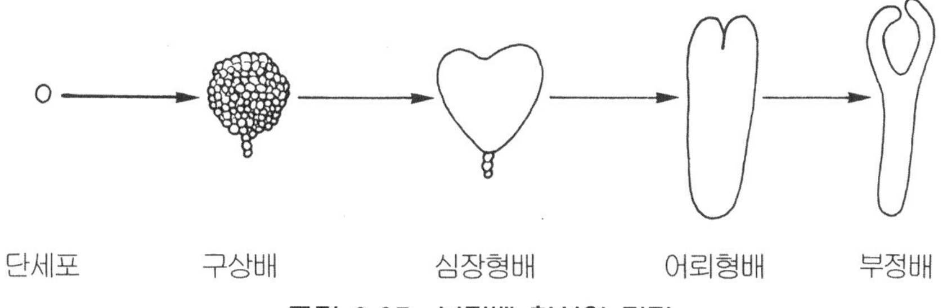

그림 3.27 부정배 형성의 과정

그러나 이 현상 자체가 아직 학술 보고에 지나지 않는 단계에 있고 이것을 인위적으로 제어하여 효율적으로 부정배를 유도할 수 있는 시스템이 확립되어 있는 위와 같은 예는 드물다. 또, 동시에 현재 실험실 단계의 부정배 형성 유도법을 그대로 공업적으로 프로세스화하기란 매우 어려운 기술이다.

식물의 클론증식에서 재료로 이용하는 기관・조직 자체가 가지고 있는 분화 가능성은 식물체 재생의 난이도에 크게 영향을 미친다. 즉, 원 식물체 형성 방향에 있는 경정이나 이것을 포함하는 묘를 재료로 하는 경우에는 식물체 재생이 비교적 용이하여 재생식물체에 있어서 변이 발생률도 적지만, 완전히 탈분화한 상태의 캘러스를 건전한 식물체로 형성시키기 위해서는 일반적으로 상당히 면밀한 배양조건의 검토가 필요하다. 또한 부정배는 자연계에서의 배 발생과 같은 과정을 거쳐 식물체를 형성한다는 점에서 그 자체가 고도로 조직화된 세포집단으로 자리매김하게 된다.

따라서 완전히 탈분화한 상태의 현탁배양세포로부터 부정배를 유도하는 방법에는 기술적으로 높은 완성도를 요구한다.

이와 같이 어려운 조건이 필요하지만 앨팰퍼, 상추 등에서 기능성이 높은 인공종자가 개발되고 있고, 다른 식물의 인공종자화에 대해서도 실용화를 목표로 급속히 개발이 진행되고 있다. 부정배의 유도법에 있어서 예를 든 당근 배양세포로부터 고빈도이면서 동조적인 부정배 형성은 뛰어난 방법으로, 실험실 단계에서의 기초 연구로는 유효한 시스템이지만 이것을 공업적으로 프로세스화하는 것에는 상당한 어려움이 따른다.

그 중에서 식물조직을 높은 삼투압이나 차아염소산나트륨에 의해 스트레스 처리를 한 후 배양하여 부정배를 유도하는 방법도 보고되어 실용화를 위한 부정배 형성법 개발이 앞으로 점점 기대되고 있다.

인공종자는 부정배가 캡슐에 싸여진 형태이지만 현재 행해지고 있는 방법은 비교적 간단한 것이며 기본적으로 아래의 순서에 따른다(그림 3.28).

(1) 액체배지에 의해 대량배양된 부정배를 발아에 필요한 양분과 함께 알긴산나트륨액에 현탁한다.

(2) 이 현탁액을 1방울씩 염화칼슘용액에 떨어뜨린다.

(3) 알긴산이 칼슘이온과 재빨리 반응해서 겔화되고, 부정배를 내부에 포함하는 알긴산칼슘 구형 캡슐이 형성된다.

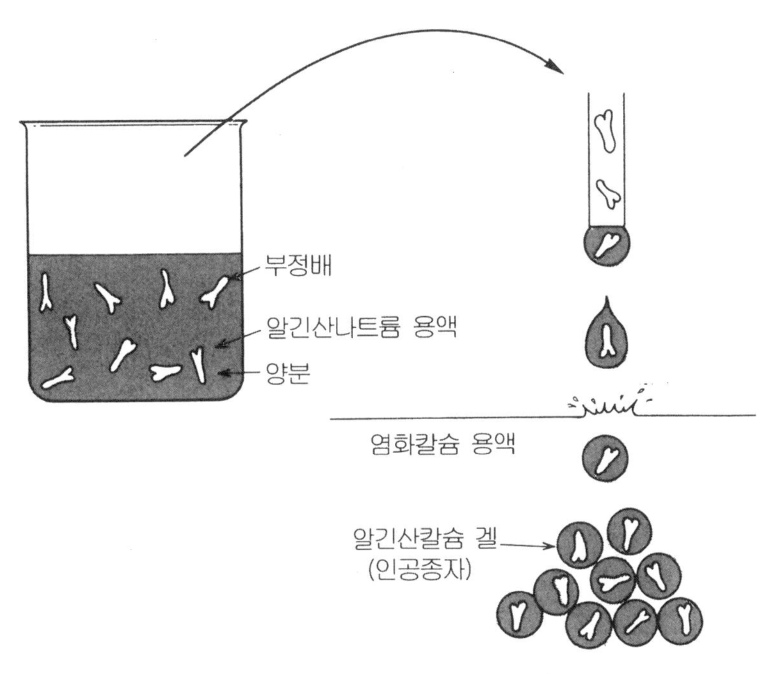

그림 3.28 알긴산칼슘에 의한 인공종자의 제조방법

실제 제조과정에 있어서는 많은 노하우가 필요하다고 여겨지지만 현재 기업 내에서는 아직 개발단계이므로 상세한 내용은 밝혀져 있지 않다. 예를 들면 (1)의 과정에서는 대량배양의 조건에 따라 좌우되기도 하지만, 배양물로부터 일정한 크기 및 질을 가지는 부정배를 선별하거나 또는 부정배에 대해 인공종자 내에서 보존성이나 종자로서의 발아성을 고려한 후에 예비처리(광조사 등)가 필요하게 되는 경우도 있다. 동시에 발아할 때 필요로 하는 양분을 어떠한 형태로 포함시킬 것인가, 즉 당인지 전분인지 혹은 이 이외의 유기물 첨가가 유효한지 그렇지 않은지도 중요한 문제이다.

좋은 종자의 조건으로는 높은 균일성, 보존성, 발아율 등을 들 수 있다. 따라서 인공종자의 재료가 되는 부정배의 배양조건 검토에 따른 질적 향상과 부정배 자체의 선별 및 예비처리라는 것 외에 캡슐 내에 식물 호르몬을 첨가하고 나아가서는 캡슐 재질 자체에 대한 검토 사항도 중요한 과제이다. 여기서는 현재 가장 일반적인 방법인 알긴산칼슘법에 의한 캡슐법을 소개했지만, 세계적으로 활발히 진행되고 있는 우량재료의 개발 및 마이크로 기술의 상황을 고려하면 인공 종자에 관해서도 수분 유지와 가스 투과성에 있어서 뛰어난 캡슐화 기술이 적용되리라 크게 기대된다.

이와 같이 인공종자 개발은 몇 가지 문제점을 안고 있지만 여기서 소개한 바와 같이 여러 종류의 식물에 있어서 발아율이 뛰어난 인공종자가 개발되어 있는 것도 사실이다. 인공종자의 실용화는 농업의 미래에 큰 영향을 줄 것이므로 향후 연구 개발에 의해 많은 발전이 있을 것이다.

3.4 종간잡종(種間雜種)의 생산

클론증식에 의한 식물의 대량번식이 식물조직배양법의 양적인 응용이라면, 질적인 응용은 세포융합에 의한 종간잡종의 생산이나 유전자조작 기술의 병용에 따른 형질전환체 식물의 생산이라는 식물 자체의 유전적 변형, 즉 조직배양에 의한 식물육종을 들 수 있다.

이 중에서 세포융합에 의한 종간잡종의 생산과정은 원형질체의 분리 및 융합, 융합에 의해 얻어진 원형질체의 배양, 나아가서는 식물체 재생과 같이 몇 가지 조직배양 기술을 합침으로써 구성되는 것이다.

원형질체와 세포융합

식물 세포의 큰 특징 중 한 가지는 세포벽이 존재한다는 것이다. 1960년대에 들어와 식물 조직의 효소처리에 의해 생물활성이 높은 원형질체가 양적으로 얻어지게 되었고 당시 선행되고 있던 동물세포의 융합 연구에 자극받아 식물분야에서도 세포융합 연구가 본격적으로 시작되었다.

미생물, 동물, 식물에 관계 없이 세포막은 지질로 구성되어 있고, 막을 조성하는 데는 다소 차이가 있지만 동물세포와 미생물, 또 동물세포와 식물의 원형질체 사이에서의 세포융합이 가능하다.

실제로 스미스를 비롯한 그룹은 담배 원형질체와 사람의 종양에서 생기는 힐러(HeLa) 세포와의 사이에서 폴리에틸렌글리콜(PEG)법에 의해 세포융합이 가능함을 밝혔다(그림 3.29).

이와 같이 원형질체를 이용한 세포융합법의 범용성과 식물의 분화 전능성을 기반으로 한 클론증식법의 기술적인 합체는 식물육종 분야에 새로운 전개를 초래하였다.

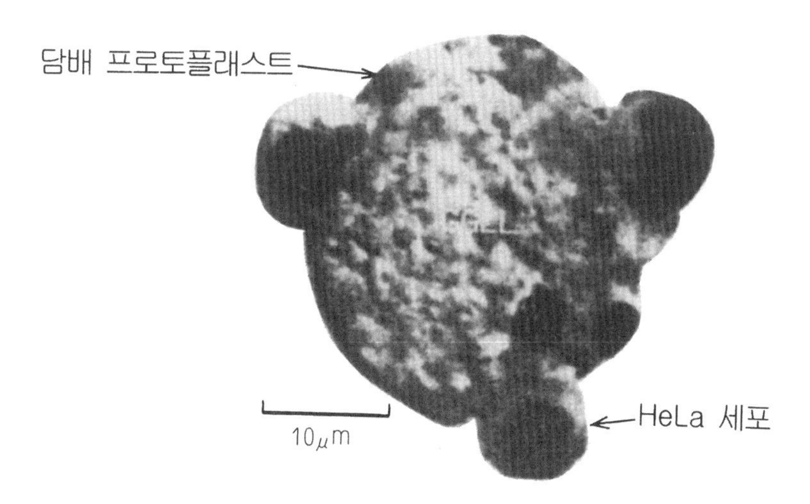

그림 3.29 담배 원형질체와 HeLa 세포의 융합
(Jones 외, 1976[24])

종래 식물간 교배에 의해 만들어진 식물육종은 식물종간 불화합성뿐만 아니라 교배에 필요한 노력 및 신품종 확립을 위해 막대한 시간이 필요하다는 문제점을 가지고 있었다. 이에 비해 세포융합은 식물의 계통 분류학상 유연(類緣) 관계에 상관 없이 기본적으로 모든 조합의 원형질체 사이에 가능하다. 또한 실험실 내에서 단시간 동안에 달성할 수 있는 작업이기도 하다.

이러한 세포융합법은 새로운 식물육종법으로 주목을 받았고, 후술하는 바와 같이 실용화 단계에 있어서 몇 가지 문제점을 가지고 있지만, 종래의 교배법에서는 불가능했던 종간잡종을 가능하게 하였다는 데에 의의가 있다.

포마토

대표적인 예로 포마토가 있다. 이것은 1978년 독일의 Melchers에 의해 이루어진 감자(포테이토)와 토마토의 세포융합으로 형성된 종간잡종에 붙여진 이름이다. Melchers는 토마토에 감자가 지니고 있는 내한성(耐寒性)을 도입하기 위해, 양쪽 식물의 원형질체를 PEG법에 따라 세포융합하여 잡종세포를 얻어서 이것으로부터 식물체를 재생하는데 성공했다. 재생식물체는 결실을 맺었고, 작지만 과실이 착과하였고 동시에 뿌리(지하경 ; 地下莖)의 일부에는 비대가 나타났다.

이러한 예로서는 역시 오렌지에 내한성을 도입하기 위해 오렌지와 탱자나무를 세포융합시켜 만든 잡종(오레타치)이 있지만 모두가 연구실 단계에서의 성과로 농작물로서는 질적 문제를 비롯해 실용화에 이르기까지 몇 가지 해결해야 할 문제를 안고 있다.

전술한 바와 같이 세포융합 자체는 원칙적으로 모든 식물의 원형질체 사이에서 가능하지만 물리적으로 융합되었다 하더라도 각각의 식물종이 긴 진화 과정을 거쳐 확립된 것이므로 양쪽의 핵 혹은 세포질간에 불화합성이 생겨 결과적으로 융합세포로부터 식물체 재생이 불가능한 경우도 예상할 수 있다. 실제로 융합세포의 양쪽 세포에서 유래한 염색체나 세포내 소기관 중 한쪽만 선택적으로 배제된 예가 알려져 있다. 그래서 비교적 가까우면서도 종래의 방법만으로는 교배가 불가능한 식물체 사이에서 세포융합이 사실상의 대상이 된다. 그러나 이 경우에도 목표로 하는 양쪽 식물의 유용형질을 동시에 갖춘 잡종식물체를 얻기란 상당히 어렵다. 이 문제를 근본적으로 해결하기 위해서는 기초적인 생물학적 관점에서 융합세포의 특성 해석이 필요하지만, 이것을 지지하는 의미에서도 세포융합 자체를 고도로 조절해서 효율화할 필요가 있다.

융합 처리법

현재 행해지고 있는 세포융합에 이용되고 있는 대표적인 방법은 폴리에틸렌글리콜(PEG)법과 전기융합법으로, 기술적인 면에서 가장 큰 문제가 되고 있는 것은 이들 방법에 의해 얻은 세포집단은 매우 무작위한 집합체이므로 이 중에서 목표로 하는 융합세포를 어떻게 선택할까 하는 것이다(그림 3.30).

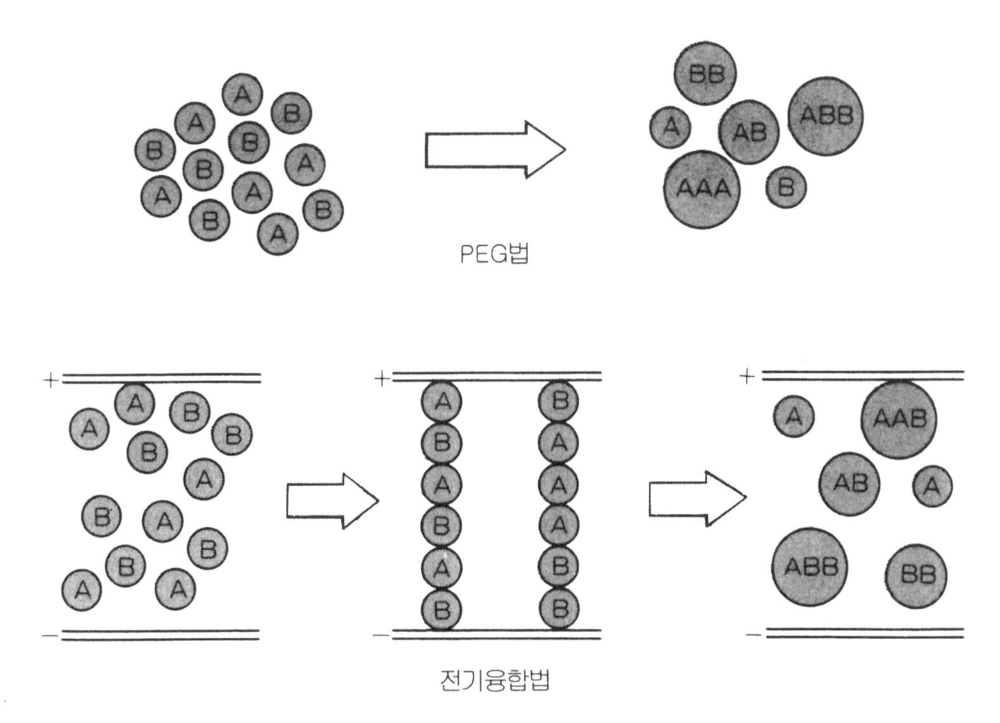

그림 3.30 세포융합에 의해 얻어진 세포집단의 무작위성

예를 들어 A와 B라는 두 종류의 원형질체를 PEG법에 따라 융합할 경우, 목적으로 하는 AB 외에 AA, BB는 물론 AAB, ABB, AAAB와 같이 어떤 종류의 원형질체가 몇 개 융합할 것인가는 경우에 따라서 또는 원형질체에 따라서 달라지는 것이다. 물론 이 중에는 융합하지 않은 A와 B도 많이 존재한다. 전기융합법을 이용한 경우에도 상황은 PEG법과 본질적으로 같다.

즉, **전기융합법**에서는 양전극 사이에서 펄 체인을 형성시킨 후에 전기적 펄스를 부가함에 따라 이들 세포 사이에서 융합을 꾀하는 것이지만(제2장 참조), 이 경우에도 펄 체인의 구성(A와 B가 어떤 조합이 될 것인가) 및 전기적 펄스 부가에 따라 몇 개의 원형질체 사이에서 융합이 일어날 것인지에 대해서는 그 제어가 매우 어렵다.

따라서 현재의 세포융합법에서는 AB라는 목적 융합체뿐만 아니라 몇 가지 타입의 복2배체나 배수체가 형성되는 경우가 있다. 생각하기에 따라서는 현재 농업 분야에서 이러한 복2배체나 배수체가 유효하게 이용되는 경우도 있지만, 무작위한 집합체로부터 이로운 것을 뽑아내기란 쉬운 일이 아니다.

이 문제의 해결을 위해서 한편으로는 얼마나 목적 융합체를 효율적으로 분리하는가 하는 점이 검토되어 몇몇의 방법이 개발되고 있지만, 이와는 별도의 접근으로서 세포융합의 과정 자체를 보다 고도로 조절하는 것도 시도되고 있다. 그 예로서는 일본 히다찌(日立)제작소의 연구팀에 의해 고안되고 있는 **1대 1 세포융합장치**가 있다(그림 3.31).

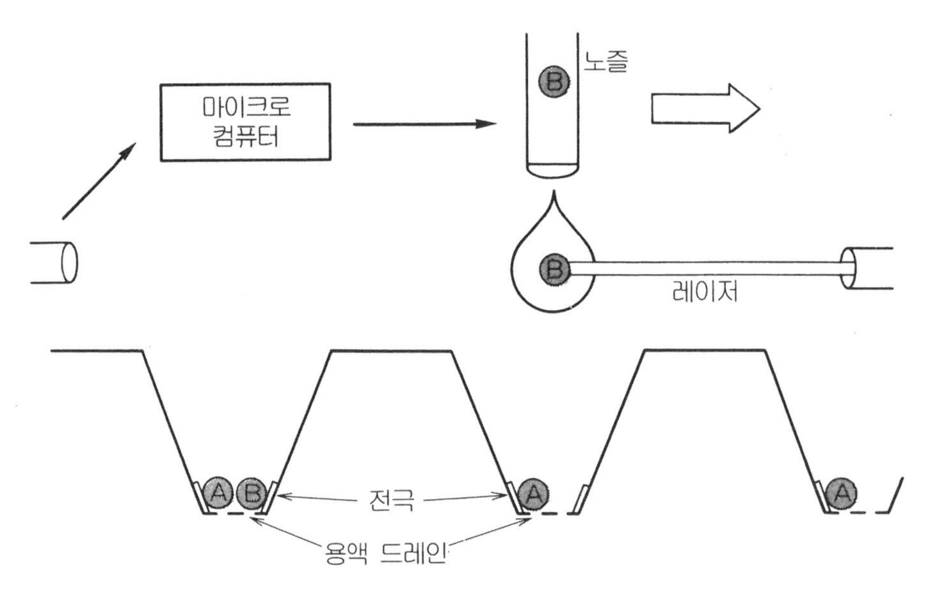

실리콘웨이퍼 상의 파인 곳에 원형질체를 각각 하나씩 떨어뜨려 넣은 후 전기융합을 한다. 원형질체의 낙하를 레이저에 의해 모니터하고 마이크로컴퓨터를 통해서 노즐의 움직임이 제어된다.

그림 3.31 1대 1 세포융합장치의 개요

이 장치는 전기융합법을 기본으로 하는 것으로서, 원리적으로는 반도체에 이용되는 실리콘웨이퍼를 미크론 단위로 많은 구멍을 파서 여기에 각각의 원형질체를 하나씩 기계적으로 떨어뜨린 후에 양자를 전기적으로 융합시키는 방법이다. 이 방법에 의하면 종래 무작위였던 융합체가 AB만으로 걸러진다.

융합이 성립되는지 아닌지에 대한 확인(AB 인지 A와 B 인지)이나 기계적 처리에 의한 원형질체의 생물활성에 대한 영향을 기술해야 할 과제도 있기 때문에 현 단계에서는 실용화까지 이르지는 못했지만, 융합 과정 자체를 고도로 조절하려는 점에서 독특한 방법이라 할 수 있다.

잡종세포의 선발

이와 같이 융합법 자체의 기술적 문제에 덧붙여 종래의 교배법을 포함하는 종간잡종의 생산에 있어서는 양쪽 식물종이 가지는 각종 형질 중 어느 쪽 형질이 어느 정도 발현되는가 하는 근본적 문제가 존재한다.

예를 들면, 맛은 좋지만 생장이 느린 식물 A와 맛은 나쁘지만 생장이 빠른 식물 B를 세포융합하여 각종 조건을 검토하면, 생산한 종간잡종이 A와 같이 느리고 B와 같이 맛이 없는 경우도 충분히 있을 수 있다. 이것은 식물뿐만 아니라 생물의 기본원리라고도 말할 수 있어, 인간사회에 탄생하는 자손에 대해 어떤 부분은 아버지를 닮고 또 다른 부분은 어머니를 닮았으면 하고 기대한 것이 모두 현실화되는 것은 아니라는 사실과 같을 것이다. 즉, 인간 사회에서 정의되는 유용형질과 생물학적으로 규정되는 형질발현은 전혀 다른 차원인 것이다. 이러한 잡종 자체가 본질적으로 가지는 문제에 대해서도 세포융합법을 이용한 접근이 이루어지고 있다.

각종 형질발현을 지배하는 유전정보는 핵뿐만 아니라 세포질에도 존재하며 이것은 이전부터 세포질 유전 또는 모성 유전으로 알려져 있었다. 세포질 속의 엽록체나 미토콘드리아같은 **세포내 소기관**은 각각 핵과는 다른 별도의 독자적인 유전자를 가지며 이들이 세포질 유전의 기초를 이루고 있다. 이러한 세포질 유전에 의해 지배되는 형질로는 잎에 얼룩이 지는 현상 외에 농업상 중요한 것으로 흑반병이나 참깨 고엽병 등에 대한 감수성(感受性), 나아가서는 미토콘드리아에 의해 지배되어 F_1 잡종의 생산에 응용되고 있는 웅성불임(雄性不稔)이 있다.

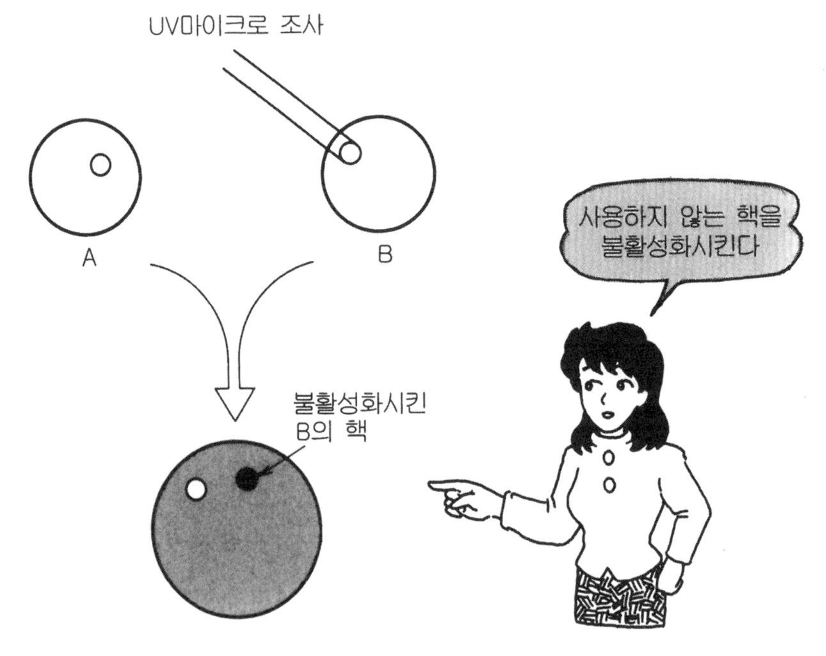

그림 3.32 비대칭 융합

따라서 이러한 세포질이 지니는 각종 우량 형질에 주목하여 이 도입을 목적으로 연구 개발되고 있는 것이 **비대칭 융합법**이다. 이것은 한 쪽 식물의 핵에 자외선을 마이크로 조사(照射)하여 불활성화시킨 후에 세포융합을 하는 방법이다(그림 3.32).

비대칭 융합의 결과로서 형성된 융합세포는 기계적으로 한 쪽 핵만을 가지게 되어 핵 사이에서의 불화합성 문제도 피할 수 있다.

식물세포내에서 세포내 소기관은 완전히 독립하여 기능하는 것이 아니며, 이들에 대한 핵 지배 현상도 잘 알려져 있다. 이들 영향이나 세포내 소기관의 선택적 배제 문제도 목적에 따라 검토되어야만 하는 과제이지만, 융합세포에서 예상되는 형질발현이 비교적 좁혀진다는 점과 불화합성을 일부 회피할 수 있다는 점에서 이것은 주목되는 방법이다.

이와 같이 세포융합에 따른 종간잡종의 생산에 관해서는 실용화를 위해 연구개발이 진행되고 있지만, 역시 문제가 되는 것은 양친(兩親) 식물이 가지는 각각의 유용형질을 효율적으로 발현하는 잡종식물체를 어떻게 얻을 것인가 하는 것이다. 이 점에 관해서는 다음에 유전자조작 기술을 이용한 형질 전환법을 통해 소개하겠다.

이것은 확률론적 요소가 적어 방향이 유전자 자체로 좁혀져 있으므로 뛰어난 방법이라 말할 수 있다. 그러나 농작물을 중심으로 현재 도입이 기대되고 있는 형질 중 **내건성**(耐乾性), **내염성**(耐塩性), **내한성**(耐寒性)은 현재 생리학적 기구가 완전히 밝혀져 있지 않아 유전자 레벨에서 타깃화하기는 곤란하다. 게다가 이들 형질은 몇 가지 요소로부터 구성되는 것으로 상정되어 복수 유전자들의 협조적 발현에 의해 처음으로 성립될 가능성도 강하다.

따라서 이러한 형질에 주목한 육종에 있어서는 세포융합법에 의한 종간잡종 생산이 높은 효과를 초래할 것이다.

3.5 형질전환-효율적인 잡종의 생산

유전자조작 기술(재조합 DNA 기술)은 현재 바이오테크놀로지에 있어서 중심 기술의 하나인데, 이것과 식물조직배양법이 합쳐져 성립된 새로운 분야가 형질전환에 의한 식물육종이다. 폐렴 쌍구균에서 **형질전환현상**이 발견된 이후 식물에 관해서도 형질전환을 목적으로 여러 가지의 방법에 DNA 도입이 기도되었지만 성과를 거두지는 못했다.

그러나 현재는 유전자조작 기술 자체가 진보했을 뿐만 아니라 원형질체 배양이나 식물체 재생과 같이 지금까지 기술한 식물조직배양법의 기술 발전을 통해 재조합된 식물이 실용화단계에 있으므로 이 응용분야에 큰 기대가 모아지고 있다. 그리고 식물 바이오테크놀로지에 있어서 이 분야가 현재 가장 주목받고 있으며 기술 개발도 현저한 속도로 이루어지고 실용화의 확대가 기대되는 분야이기도 하다. 여기에서는 연구 개발의 실제적인 부분도 포함하여 유전자조작에 의한 식물의 형질전환과 육종에의 응용이라는 점에 대해서 기술하려 한다.

유전자조작

유전자조작에 의한 식물의 형질전환은 기본적으로 다음 과정에 의한다.

(1) 타깃 유전자의 결정 및 분리

(2) 유전자를 세포로의 도입 및 세포로부터 식물체 재생

(3) 재생식물체에서 목적 유전자 발현

이들 과정 중 비교적 용이하게 보이나 실제로 큰 문제가 되는 것은 (1)부분이다.

DNA에 포함된 유전정보는 mRNA(메신저-RNA)로 전사된 후, 세포질 속의 리보솜에서 단백질로 번역된다. 그리고 단백질이 효소로 혹은 구조단백질로 기능하면서 각종 형질이 발현된다(그림 3.33). 물론 하나의 형질은 대부분 여러 가지 단백질의 기능에 의해 구성되지만, 그 중에서도 어느 특정한 단백질이 DNA로부터 전사, 해석됨에 따라 합성되는지 안 되는지의 여부가 형질의 발현 자체를 좌우하게 되는 경우가 있다. 이것이 효소일 경우는 조효소(코엔자임)라고 불려지고, 이 조효소의 유전자가 (1)의 과정에서 타깃으로 해석된다.

따라서 목적으로 하는 유용형질이 세포내에서 어떠한 생리적 기구에 의해 구성되며, 나아가서는 그것이 어떤 단백질의 활동에 따라 제어되는가 하는 데이터에 근거하여 타깃 유전자가 결정된다. 그러나 형질발현의 기초가 되는 세포 내에서의 생리기능이 명백히 밝혀져 있지 않아서 여기를 출발점으로 해야만 하는 경우가 다소 있는 것은 사실이다. 이러한 상황들로 알 수 있듯이 미생물, 동물과 비교해 식물의 유전자 해석은 결코 뒤쳐져 있는 것은 아니며, 최근 수년동안 계속적인 연구가 진행되면서 식물 유전자 해석에 관한 보고를 중심으로 하는 학술 잡지가 계속 간행되고 있다.

유전자의 분리 및 그 후 해석 과정은 식물이라는 점에서 다소 노하우가 필요하지만 미생물, 동물의 경우와 마찬가지이다.

뒤에서 개략적으로 서술하겠지만 유전자조작법에 관한 상세한 사항은 최근 많은 양서가 출판되어 있으므로 참고하기 바란다.

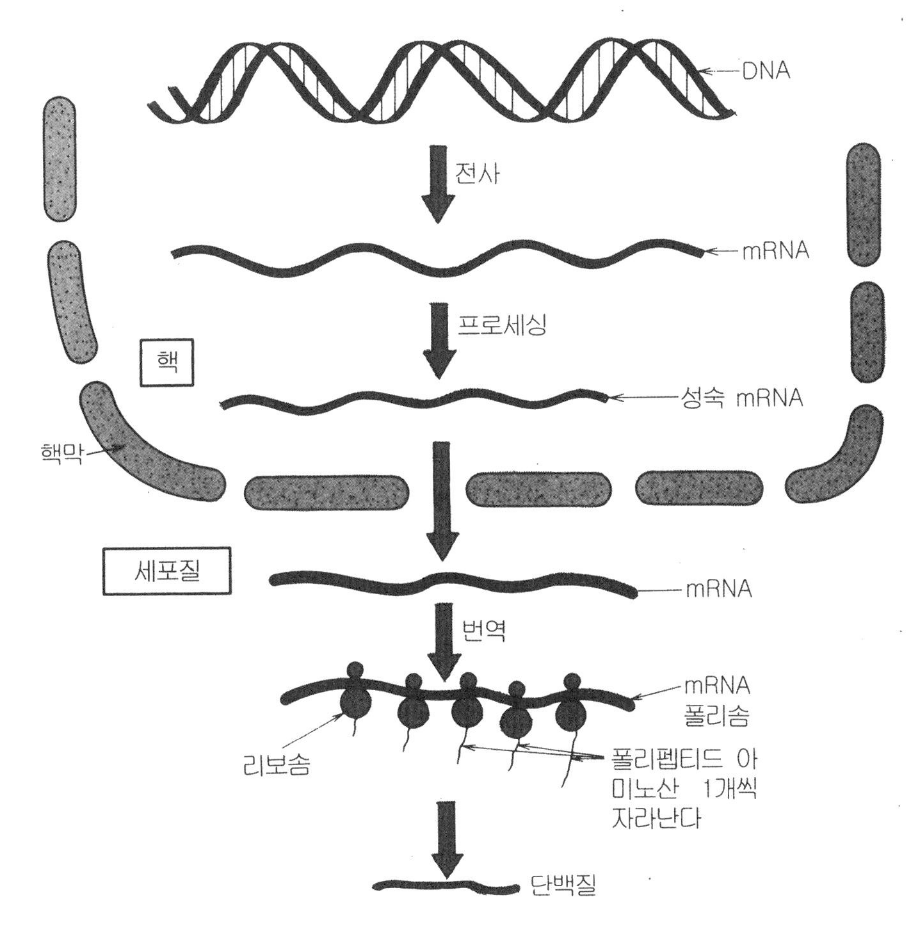

그림 3.33 유전정보와 단백질 합성

유전자의 클로닝

유전자 분리 및 해석은 우선 cDNA의 클로닝으로부터 시작한다.

cDNA(complementary DNA)는 mRNA와 상보적인 구조를 가지는 DNA로, mRNA를 주형(鑄型)해서 역전사 효소를 이용함에 따라 형성된다. 핵 속의 DNA로부터 전사에 의해 합성된 mRNA의 5′단에 캡 구조와 3′단에 폴리 A가 각각 부과된 후, 스플라이싱(splicing)에 의해 인트론이 제거되고 엑슨 부분이 재결합하여 성숙형 mRNA로 된다. 성숙형 mRNA를 역전사함으로써 얻어지는 cDNA는 단백질을 구성하는 아미노산 배열을 코드화하고 있다(그림 3.34).

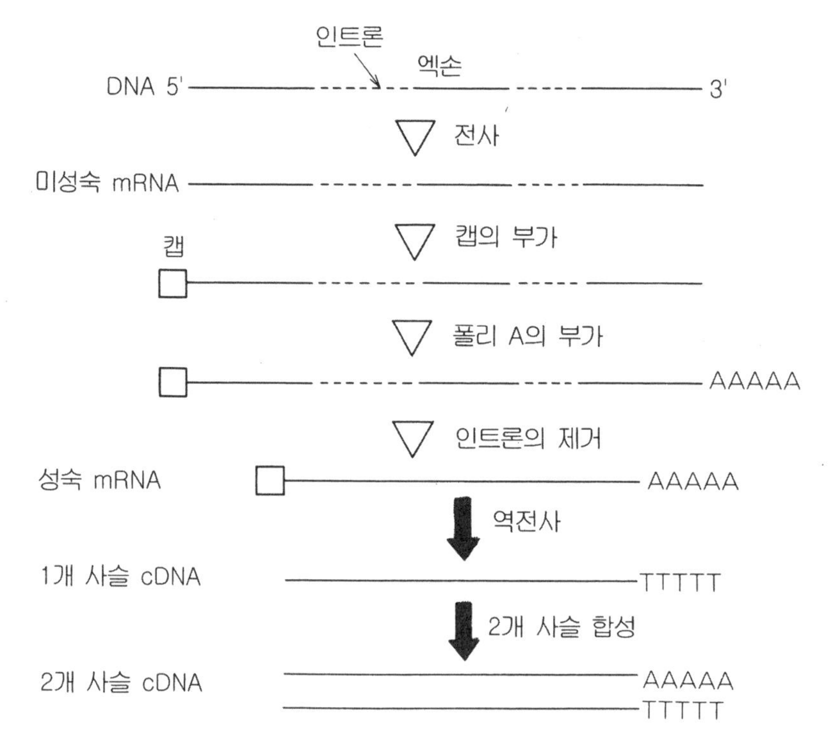

그림 3.34 mRNA 프로세싱 및 성숙 mRNA로부터의 cDNA 합성

목적 단백질의 cDNA 클로닝은 기본적으로 다음과 같은 방법에 의해 이루어진다(그림 3.35).

(1) 식물조직에서 RNA를 추출하고 그 속에서 mRNA를 분리한다.

(2) mRNA를 주형으로 하고 역전사 효소를 이용하여 cDNA를 합성시킨다.

(3) cDNA를 λ 파지 등의 벡터에 넣어 cDNA 라이브러리를 작성한다.

(4) 목적 단백질의 항체를 이용하여 cDNA 라이브러리로부터 목적 단백질을 생산하고 있는 파지를 찾아내고 이것을 분리한다(면역 스크리닝).

(5) 분리한 파지로부터 cDNA단편을 떼어내고 적당한 플라스미드 벡터에 끼워 넣어서 제한효소 지도의 해석에 이용한다.

벡터로서는 대장균의 플라스미드를 이용하는 방법도 있으며, 이 경우에는 (4)에서 cDNA 라이브러리 속에서 목적으로 하는 단백질을 생산할 대장균(*E. coli*)을 찾게 된다.

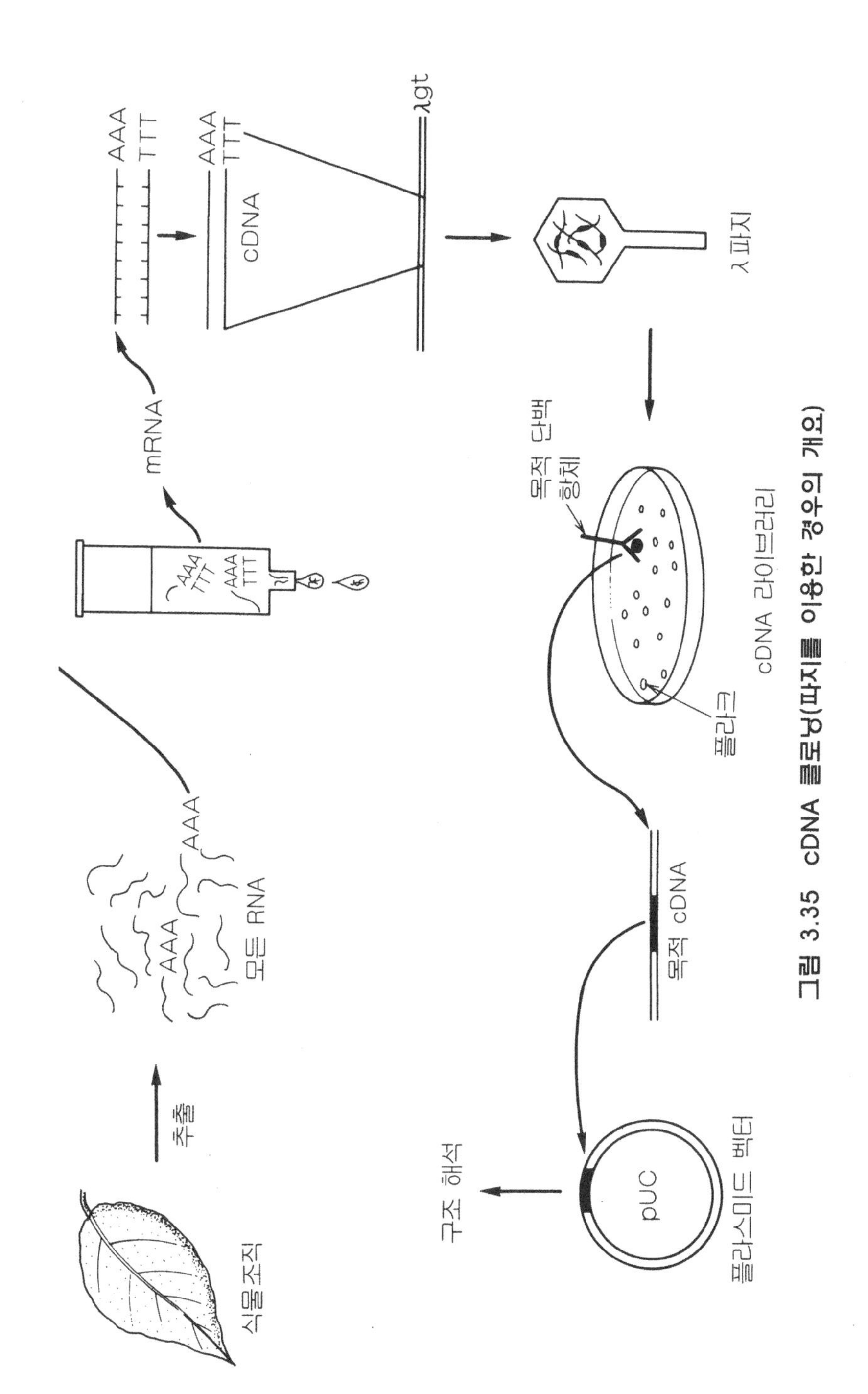

그림 3.35 cDNA 클로닝(파지를 이용한 경우의 개요)

또한, 이미 다른 식물에서 목적 단백질 cDNA가 얻어진 경우에는 이것을 프로브(probe)하여 DNA 끼리 상보성에 기초하여 스크리닝을 하는 것도 가능하다. 그러나 목적 단백질의 cDNA나 항체가 없는 경우(오히려 이러한 경우가 보통이다)에는 단백질을 정제하여 고순도의 표본을 얻은 후에 항체를 작성하는 것부터 시작해야 하므로 상당히 어려운 작업이다.

벡터에 의한 유전자 도입

이렇게 해서 얻어진 cDNA에 프로모터를 부가한 후에 세포로 도입하는데, 이 방법은 크게 생물적 방법과 물리적 방법으로 구별된다. 생물적 방법 중 대표적인 것으로는 Ti-플라스미드를 이용한 유전자 도입법이 있는데, 비교적 간편하고 확실성도 높다는 점에서 식물의 형질전환을 할 때 가장 널리 이용되는 방법이다.

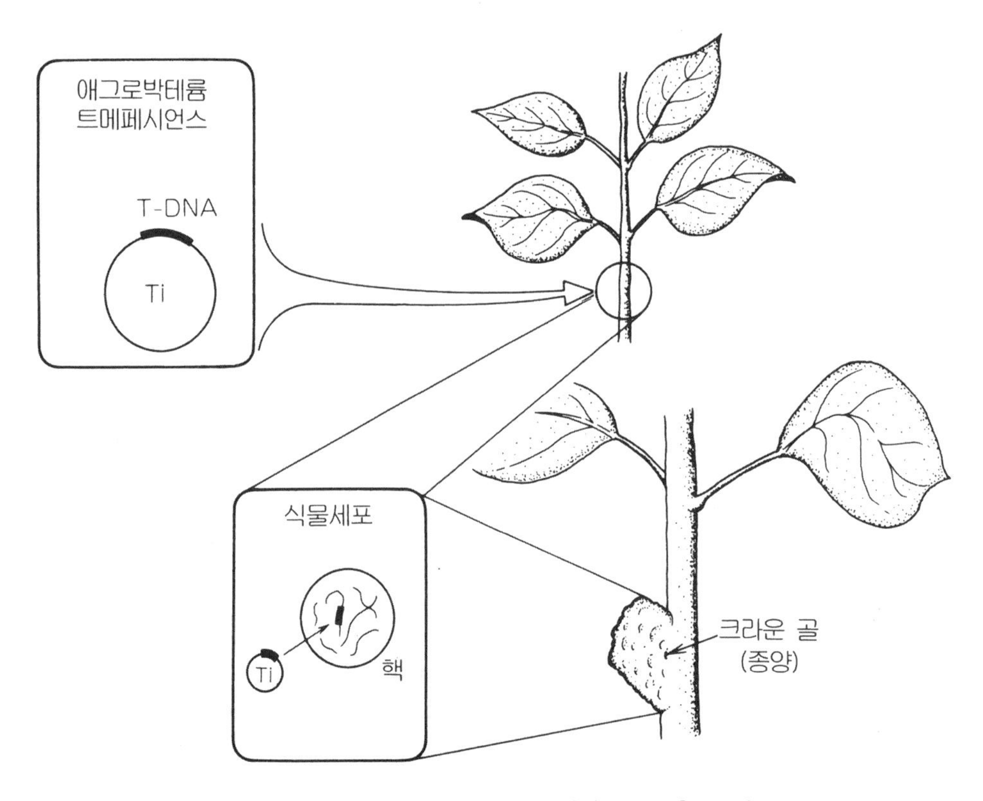

그림 3.36 애그로박테륨 성숙에 의해 크라운 골 형성

애그로박테륨 트메페시언스(*Agrobacterium tumefaciense*)라는 세균의 일종이 식물에 감염되면 크라운 골이라 불려지는 종양이 형성된다. 이것은 애그로박테륨이 가지고 있는 플라스미드의 일부인 T-DNA 부분이 감염에 의해 식물의 게놈 유전자에 포함되어, T-DNA상에 코드화된 옥신 및 시토키닌 합성 유전자가 발현함에 따라 호르몬의 과잉 생산이 일어나 종양형성을 유도하게 된다.

이러한 사실로부터 이 플라스미드는 Ti-플라스미드(tumorinducing plasmid)라 불려지며, 이것이 갖는 성질 중 식물 유전자로 끼워 넣는 기구를 이용한 것이 Ti-플라스미드법이다(그림 3.36).

이 중 종양형성은 달갑지 않은 형질이므로 T-DNA 호르몬 합성을 담당하는 영역을 인위적으로 제거하여 「무장해제」시킨 Ti-플라스미드 벡터가 개발되어 있다. 이렇게 변경된 Ti-플라스미드의 T-DNA 부분에 목적 유전자를 넣은 후 애그로박테륨을 목적 식물에 감염시킴으로써 유전자를 도입한다(그림 3.37).

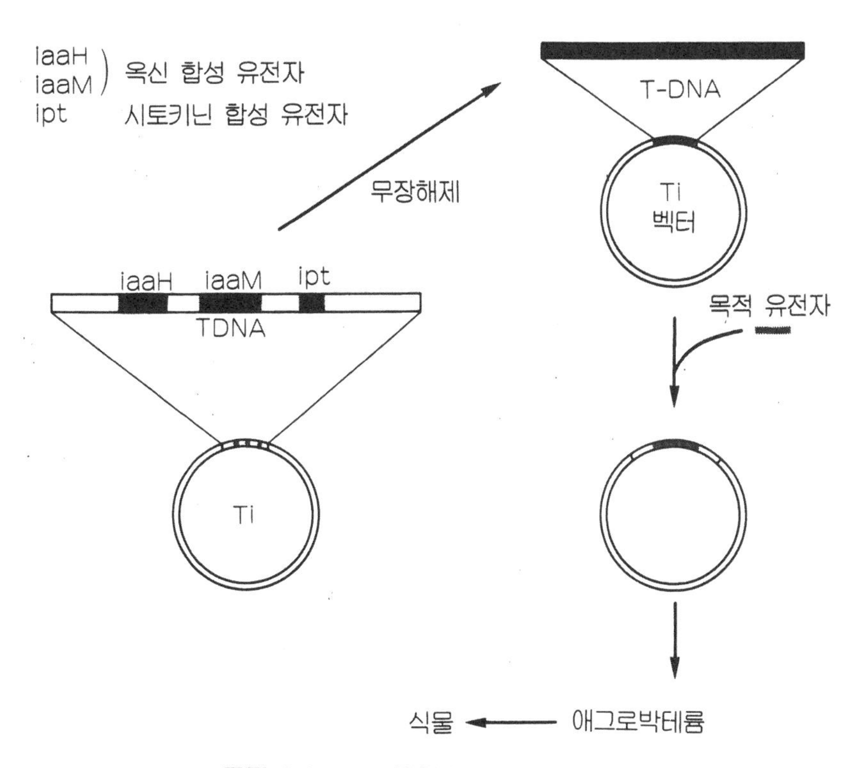

그림 3.37 Ti-플라스미드 벡터의 구축

이와 같은 생물적 방법으로는 같은 애그로박테륨의 일종인 애그로박테륨 리조게네스(*Agrobacterium rhizogenes*)가 지니는 Ri-플라스미드(rootinducing plasmid)를 이용하는 방법이나 콜리플라워 모자이크 바이러스(CaMV)를 이용하는 방법이 개발되어 있지만*, 현재로서는 Ti-플라스미드법이 널리 이용되고 있다. 그러나 이러한 미생물 감염기구를 이용한 유전자 도입법은 **기주특이성**(寄主特異性), 즉 감염이 성립하는 식물과 미생물 조합이 한정되어 있다는 점에서 넓은 범위의 식물을 대상으로 하는 육종분야에서는 적용 범위가 한정된다.

유전자의 직접도입

현재 개발되고 있는 물리적 유전자 도입법(직접도입법)은 원칙적으로 모든 세포에 적용이 가능하다는 이점을 가지고 있다. 물리적 방법은 세포막에 구멍을 뚫어 목적 DNA를 그대로 직접 세포에 도입하는 것으로, 생물적 방법과 같이 도입을 위한 벡터의 구축은 필요 없으며 클론화되지 않은 DNA 도입도 가능하다. 물리적 도입법은 현재 몇 가지 타입이 고안되어 있으며, 아래에 이것에 대해 간단히 소개하기로 한다.

원형질체를 이용하는 방법으로는 **일렉트로포레이션법**이 있는데, 이것은 전기적 펄스를 부가함에 따라 원형질체 표면에 구멍을 내서 그 구멍으로 DNA를 도입하는 것이다. 전기적 펄스 대신 폴리에틸렌글리콜(PEG) 처리를 하여 DNA를 도입하는 방법도 있으며, 이들은 원리적으로는 세포융합에서 이용된 방법과 공통점이 있다. 직접도입법에 관한 공통된 문제점은 세포 내에 존재하는 핵산분해효소에 의한 DNA의 절단, 분해가 있다.

형질전환을 달성하기 위해서는 세포 내에 도입된 DNA가 이들을 빠져나와 염색체상의 DNA에 넣어져야만 한다. 그래서 DNA를 지질막으로 싼 리보솜으로 이것을 PEG법에 따라 도입시키는 방법과 목적 DNA 이외에 운반 DNA를 첨가하여 도입시키는 방법도 고안되고 있다(그림 3.38).

---

* 최근에는 트랜스포존(전이요소)을 이용한 방법도 개발되고 있다.

일렉트로포레이션법이나 PEG법은 세포벽을 깨끗이 제거한 원형질체를 이용한다는 것이 그 조건 중 하나인데, **마이크로 분사법**은 세포벽이 완전히 제거되지는 않았지만 구형인 세포나 나아가서는 세포벽을 가지고 있는 세포에 대해서도 적용 가능한 방법이다.

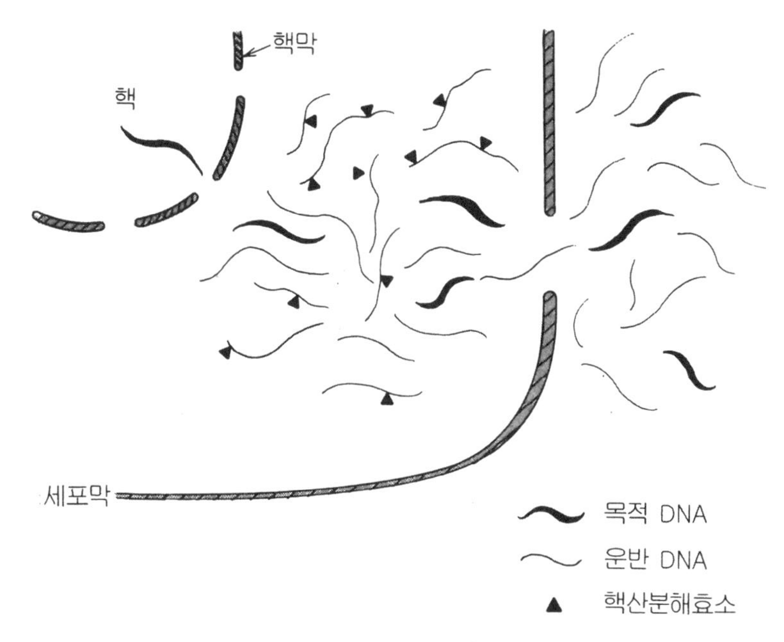

그림 3.38 운반 DNA를 이용한 직접도입법

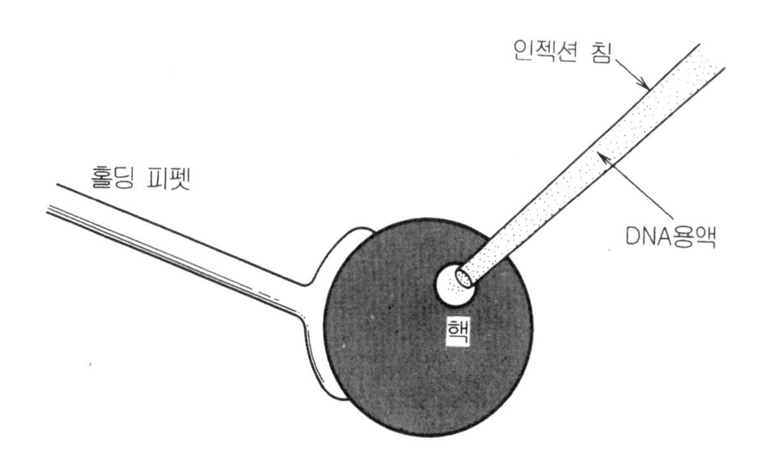

그림 3.39 기계적 마이크로 분사장치

기계적 마이크로 분사법은 마이크로머니퓰레이터를 이용하여 현미경 아래에서 얇은 유리침을 세포에 꽂고 이 침을 통해서 DNA를 세포 내로 주입하는 방법이다(그림 3.39).

또, 최근에는 레이저로 구멍을 뚫어 DNA를 집어넣는 레이저 마이크로 분사장치도 개발되어 있다. 이러한 도입법 외에 최근 주목받고 있는 것은 파티클 건(particle gun)에 의한 방법이다(그림 3.40).

이것은 이름이 시사하는 바와 같이 지름이 아주 작은 미크론 미립자(파티클)에 목적 DNA를 바르고, 이것을 수밀리의 건으로 세포 속에 밀어 넣는 방법이다. 이 방법은 기발한 방법으로 목적 유전자 도입, 조합이 확인되어 있으므로, 방법이 매우 심플하다는 점에서 향후 유전자 도입을 위한 유력한 방법이라 기대되고 있다.

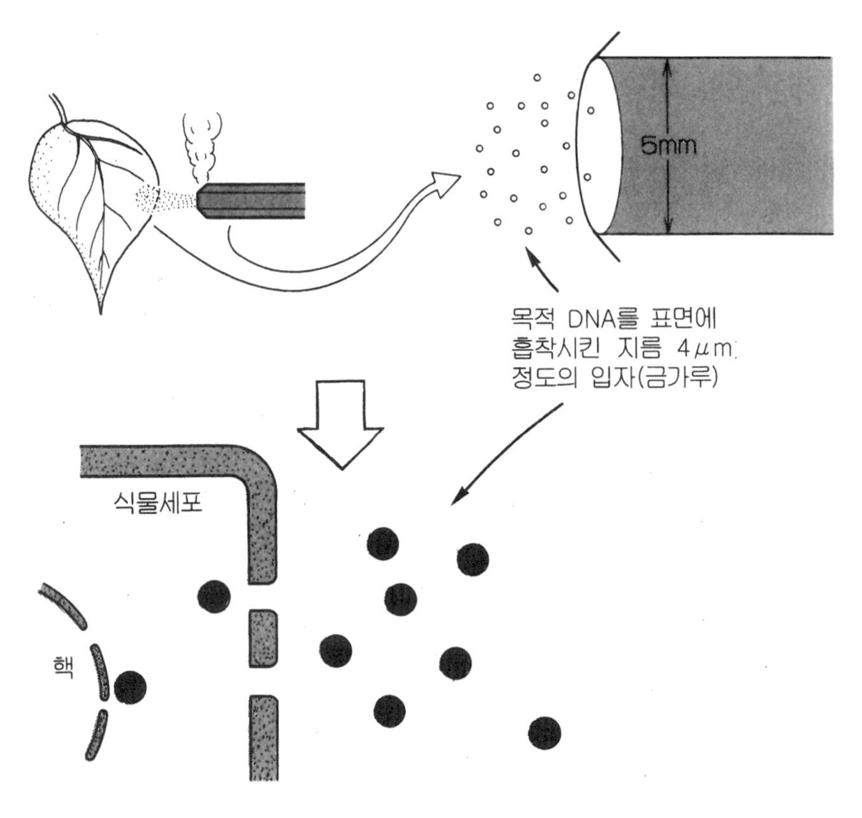

그림 3.40 파티클 건에 의한 유전자 도입

유전자와 형질발현

이와 같이, 목적 유전자를 도입한 세포에서 조직배양법에 따라 식물체를 재생시키는 방법이 있지만 재생식물체의 목적 유전자가 목적한 조직이나 기관에서, 또는 목적으로 하는 환경조건하에서 발현한다는 것이 중요하다.

예를 들면, 꽃의 육종을 목적으로 꽃색 발현에 관한 유전자를 도입시킨 경우, 이 유전자가 꽃잎에 발현하여 지금까지 없었던 꽃색이 출현하면 성공했다고 할 수 있으며, 이 유전자가 잎에서 발현하여 단풍색을 변화시키더라도 원예상 의미를 가지지 않는다.

유전자 발현의 조직특이성과 자외선이나 조직의 상해, 나아가서는 미생물 감염이라는 식물을 둘러싼 외계로부터의 자극(스트레스)에 대응한 유전자 발현의 기구 해석은 응용분야뿐만 아니라 식물생리학에서도 중요한 문제로 제기되고 있으며, 이것에 관한 학술보고가 3~4년 동안 상당히 많아졌다. 그리고 대부분은 각종 식물 유전자의 프로모터를 해석한 것이다.

염색체상의 유전자는 단백질의 구조를 코드화한 구조유전자 부분과 이것의 상류에 위치하여 구조유전자 부분의 발현 조절을 하는 부분으로 구성된다. 발현 조절의 열쇠가 되는 부분은 프로모터라 불려지며 구조유전자 부분이 발현할 때 조직・기관특이성이나 스트레스에 대한 감수성은 프로모터 부분에 염기배열(시퀀스)로서 코드화되어 있다. 그리고 현재는 각종 유전자의 프로모터 해석에 따라 발현을 제어하는 시퀀스부분(박스)이 점차 밝혀지고 있다(그림 3.41).

즉, 어떤 효소가 자외선이나 식물조직 상해에 따라 유도되는 것이라면 그 유전자의 프로모터 부분에는 자외선이나 상해감수성의 박스가 존재하고 이 부분이 그들의 자극에 따라 구조유전자 부분의 전사를 개시시켜서 효소를 합성시킨다*.

실제로 이러한 스트레스감수성이나 조직・기관특이성을 코드화하고 있는 프로

* 프로모터 부분에 대한 정보는 트랜스액팅팩터라 불리는 단백질에 의해 나온다. 실제에는 트랜스액팅팩터가 프로모터 부분의 특정 부위에 결합하는 것을 통해 전사 개시를 촉진시키는 것이라 생각되고 있고 현재 해석이 진행되고 있다. 이런 것에서 프로모터 부분은 시스엘리먼트라 불린다.

모터를 마커유전자*라고 이름을 붙였으며, 이것이 도입된 식물체에서는 프로모터가 지니는 성질에 따라 마커유전자가 스트레스에 대응하고 또 조직·기관에 특이성 발현을 한다.

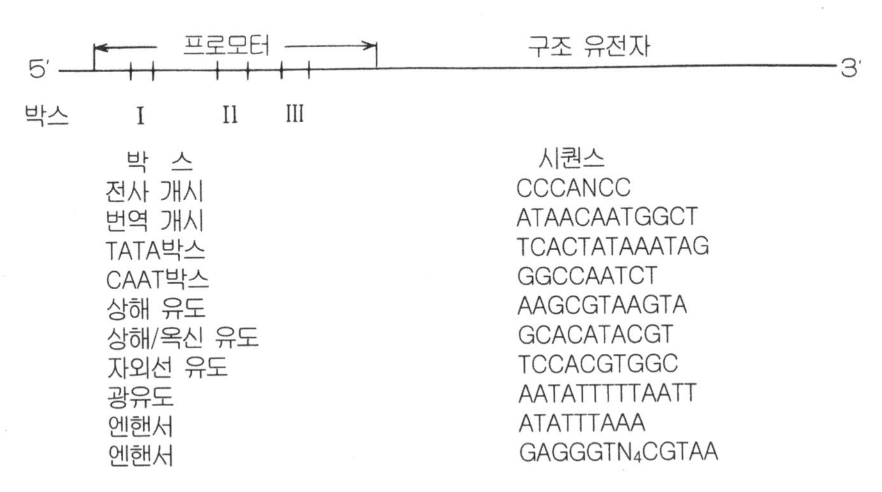

박 스	시퀀스
전사 개시	CCCANCC
번역 개시	ATAACAATGGCT
TATA박스	TCACTATAAATAG
CAAT박스	GGCCAATCT
상해 유도	AAGCGTAAGTA
상해/옥신 유도	GCACATACGT
자외선 유도	TCCACGTGGC
광유도	AATATTTTTAATT
엔핸서	ATATTTAAA
엔핸서	GAGGGTN_4CGTAA

그림 3.41 박스와 그 시퀀스

이러한 식물에 있어서 유전자 발현 기구의 해명이나 이것을 조작하는 기술의 눈부신 진보는 형질전환에 의한 새로운 식물육종에 큰 희망을 주는 것이다. 그래서 다음으로 이러한 기술이 농업상 실제로 어떠한 면에 응용되고 있는지 예를 들어 간단히 소개하려 한다.

꽃색의 발현

꽃색은 멘델 이래 유전자 발현의 마커로 자주 이용되는 형질이며 동시에 육종 분야에 있어서도 예전부터 주목받아 온 형질이기도 하다. 꽃색발현기구 자체는 복잡한 몇 가지 요소를 포함하고 있으며 현재 완전히 밝혀져 있지는 않지만 발색원이 되는 안토시아닌의 합성계에 대해서는 거의 대부분이 명확하게 밝혀져 있다(그림 3.42). 합성계의 효소군 중 조효소인 카르콘신타아제(CHS)나 디히드로플라보놀-4-리덕타아제(DFR)의 cDNA가 분리되고 이것을 식물에 도입시킴에 따

* β-글루클로니다아제 등 효소의 구조 유전자가 종종 이용된다.

라 새로운 꽃색을 가진 형질전환체가 생산된다.

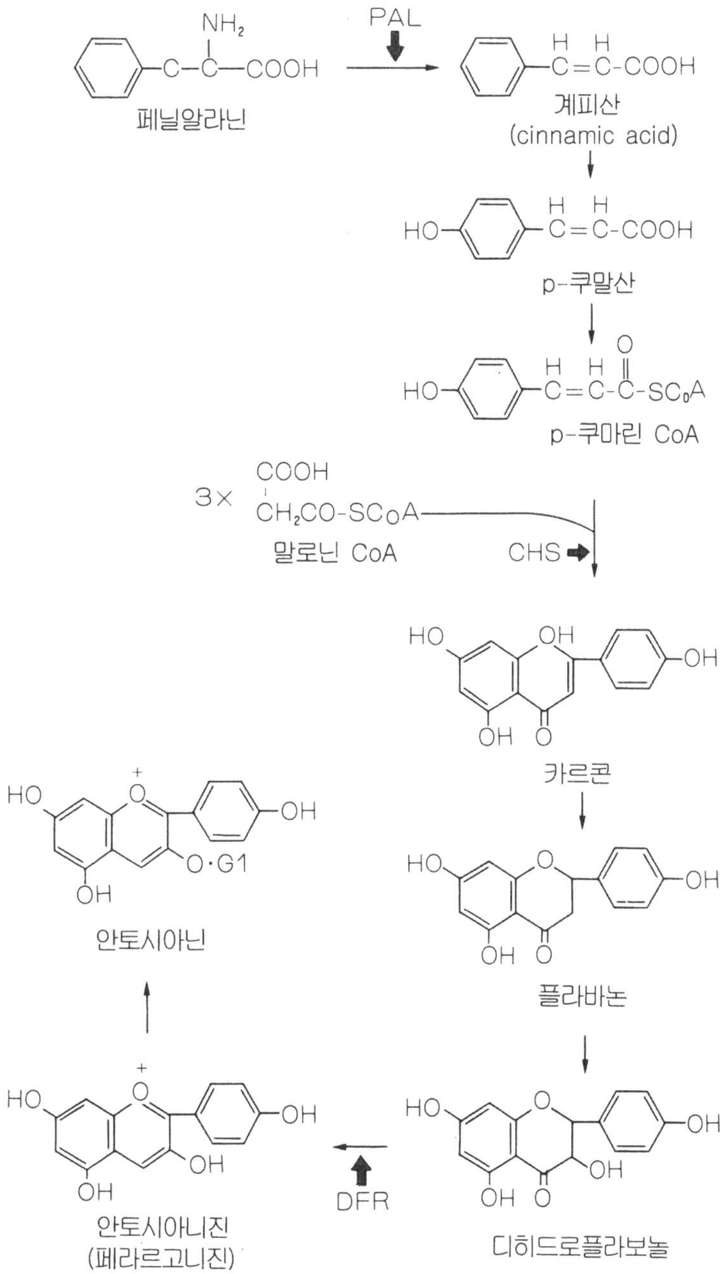
NH₂
PAL
C-C-COOH
페닐알라닌
H H
C=C-COOH
계피산
(cinnamic acid)
HO
p-쿠말산
O
C-SCoA
p-쿠마린 CoA
COOH
3×
CH₂CO-SCoA
말로닌 CoA
CHS
OH
카르콘
플라바논
디히드로플라보놀
DFR
안토시아니진
(페라르고니진)
O·G1
안토시아닌

그림 3.42 안토시아닌의 생합성계

1987년 독일의 막스 프랑크연구소 그룹은 옥수수의 DFR 유전자를 페츄니아에 도입시킴으로써 원래 페츄니아에는 포함되지 않는 타입의 안토시아닌(페라르고니진)이 합성되어 벽돌색의 꽃색을 발현하는 형질전환체를 얻었다. 또 네덜란드의 프리대학 그룹은 페츄니아에 앤티센스 CHS 유전자*를 도입해서 얻은 형질전환체에서는 꽃색 발현이 억제된다는 것을 밝혔다.

마찬가지로 미국 벤처 비즈니스의 하나인 DNA 플랜트테크놀로지社에서도 CHS유전자 도입에 따라 새로운 꽃색을 지니는 페츄니아 형질전환체를 얻었으며, 현재는 연구 개발이 더욱 진척되었으리라 여겨진다.

제초제에 대한 내성의 발현

또 하나의 예로 제초제에 대한 내성을 도입한 식물의 개발을 들 수 있다. 제초제 내성 농작물의 도입은 제초제 살포에 따라 잡초만을 선별적으로 제거하는 것을 가능하게 했으며, 농업에 있어 작업 효율화라는 큰 의미를 가지게 되었다.

현재 몇 가지 타입의 제초제가 있는데, 이 중 미국의 몬센토社에 의해 개발된 글리포세이트(glyphosate)는 식물의 방향족 아미노산(페닐알라닌, 티로신, 트립토판)을 합성하는 시킴산의 경로 속 효소인 EPSP신타아제(5-에놀피루빌시미메이트-3-포스페이트신타아제)의 활성을 저해함에 따라 방향족 아미노산 합성을 저하시킴으로써 식물을 괴사시킨다(그림 3.43).

몬센토社가 페츄니아로부터 분리한 EPSP신타아제 cDNA를 콜리플라워 모자이크 바이러스(CaMV)의 35S프로모터에 연결, Ti-플라스미드법에 따라 페츄니아에 도입하자 이 세포에서는 EPSP신타아제가 과잉 생산되어 통상의 20~40배에 달했고 글리포세이트에 대한 내성을 나타냈다.

이 세포로부터 재생된 식물체와 보통 식물체에 1에이커당 0.8파운드의 라운드업(글리포세이트 제초제의 상품명)을 살포시킨 결과, 보통 식물체는 살포 후 14일만에 괴사하는 데 비해 형질전환체는 정상적으로 생장했다.

---

* CHS유전자와 상보적 구조를 가진 유전자

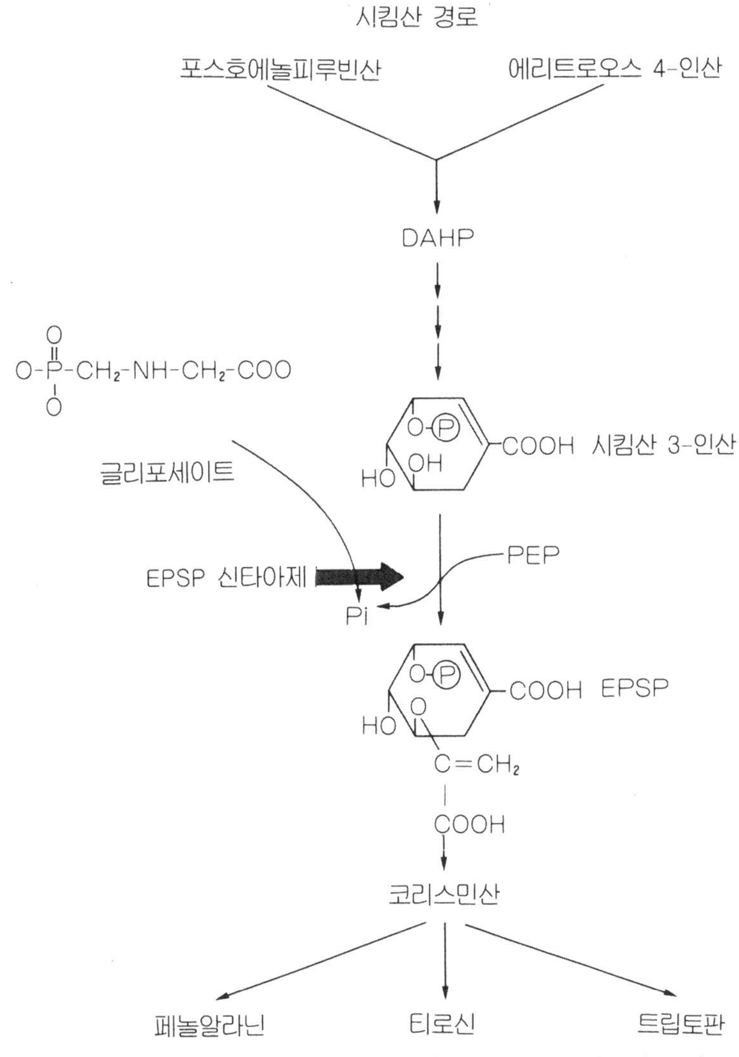

그림 3.43 글리포세이트에 의한 방향족 아미노산 합성의 저해

이러한 방법에 의해 식물에 제초제 내성을 도입한 것 이외에도 듀퐁社에 의해 개발된 술포닐우레아 제초제를 목적으로 한 연구 개발이 이루어지고 있다.

식물의 유전공학은 미생물, 동물 분야보다 출발이 늦었지만 현재로서는 뛰어나지도 뒤지지도 않는 상태로 연구 개발이 이루어지고 있다. 큰 원동력이 되고 있는 것은 유전자의 조작 기술과 식물조직배양법에 의한 식물체 재생 기술의 결합에 따라서 형질전환식물의 생산이 가능하다는 것이다. 그리고 유전자의 분리, 도입,

발현이라는 형질전환의 기본적인 3단계에 관해서는 동시에 진행하는 형태로 각각 연구 개발이 이루어져 실제로 몇몇 형질전환체 식물이 생산되어 있으며 이들의 실용화도 시간문제일 것이다.

3.6 유용물질의 생산

유용물질의 생산 이론

지금까지 소개해 온 식물조직배양법을 이용한 바이오테크놀로지는 처음 서술한 바와 같이 식물의 분화 전능성을 배경으로 한 식물체 재생을 기술적 기반으로 하는 것이다. 이것에 비해 식물세포가 가지고 있는 대사기능을 이용하는 바이오테크놀로지는 유용물질의 생산이라 할 수 있다.

식물은 식용뿐만 아니라 생약, 염료, 향신료 등으로서 예로부터 인간 생활에 이용되어 왔으며 식물에 포함된 유용물질은 매우 다양하다(표 3.1). 이 중 대부분은 생물학적으로 2차대사산물이라 불려지는 것이다. 엄밀하게 정의할 수는 없지만 모든 세포에 공통으로 보이는 생명 유지를 위해 최저로 필요한 대사를 1차대사, 그리고 이 1차대사로부터 파생되는 다양한 대사를 2차대사라 할 수 있을 것이다.

2차대사산물의 생성 및 축적은 많은 경우, 식물 생장의 특정 단계에 있어서 기관·조직이 특이적으로 일어남에 따라 2차대사의 발현은 대사적 분화라는 위치가 부여된다. 붉은 꽃을 예로 들면, 붉은색의 발색원인 2차대사산물의 안토시아닌은 꽃이라는 기관과 표피조직에만 특이하게 생성, 축적되어 있다(그림 3.44).

또 2차대사는 자외선 조사나 조직 상해, 병원균 감염 등 외계로부터의 스트레스에 의해서도 발현이 유도되는 것으로 알려져 있다(그림 3.45).

이와 같이 식물의 2차대사계 발현에 의해 생성, 축적된 인간 생활에 유용한 각종 2차대사산물을 바이오테크놀로지에 의해 효율적으로 얻으려는 것이 유용물질 생산이다.

표 3.1 식물에 포함되어 있는 유용한 물질 (作田과 駒嶺, 1988[25])

이용분야	유용물질명	식물명	용도
의약	빈블래스틴	일일초	항암제
	빈크리스틴	일일초	항암제
	아트로핀	벨라도나, 미치광이풀	항콜린작동약
	아디말린	인도자복	해열제
	스코폴라민	벨라도나, 즈보이시아, 미치광이풀	항콜린작동약
	베르베린	깽깽이풀, 황벽나무	건위강장제
	캄프트테신	키쥬	항암제
	히요스티아민	사리풀, 벨라도나, 미치광이풀 등	항콜린작동약
	레세르핀	인도자복	항고혈압약
	시코닌[1)]	지치	수검약
	디기톡신	디기탈리스	강심제
	디곡신	케디기탈리스	강심제
	디오스게닌	산약	의약중간체
	진세노시이드	인삼	강장제
식품첨가물·화장품원료	안토시아닌	하나키린, 포도 등 다수	적색색소
	베타시아닌	비트, 미국자리공	적색색소
	안트라키신	해색재	적색색소
	카르타민	홍화	주황색색소
	카로티노이드	사프란, 치자나무	황색색소
	로즈유[2)]	장미	향료
	재스민유[2)]	재스민	향료
	라벤더유[2)]	라벤더	향료
	파쵸리유[2)]	파쵸리	향료
그외	피레스린	제충국	살충제
	파리독산A	파리풀	살충제
	스테비오시드	스티비아	감미료
	글리시르리진	감초	감미료
	퍼옥시다아제	고추냉이(와사비)	검사약(효소)

1) 적색색소로 화장품 원료, 염료로서의 수요가 많다.
2) 식물의 향료 성분은 정유라 불리며, 많은 물질이 포함되어 있다.

이 경우 대부분의 2차대사산물의 생성 축적이 기관·조직적 특이성을 가진다는 것을 고려한다면 배양세포계에 의한 유용물질 생산은 매우 유효한 방법이라 할 수 있다. 즉, 유용물질을 얻을 목적으로 식물을 배양해도 유용물질을 포함하는 부분은 일부에 지나지 않아서 비효율적일 뿐만 아니라 유용한 부분이 암술인 경우* 에는 수확에 상당한 노력도 필요하다. 이에 비해 배양세포계를 이용한 경우에는 배양조건을 제어함에 따라 유용물질을 포함한 세포를 효율적으로 얻을 수 있으며 수확도 쉽다.

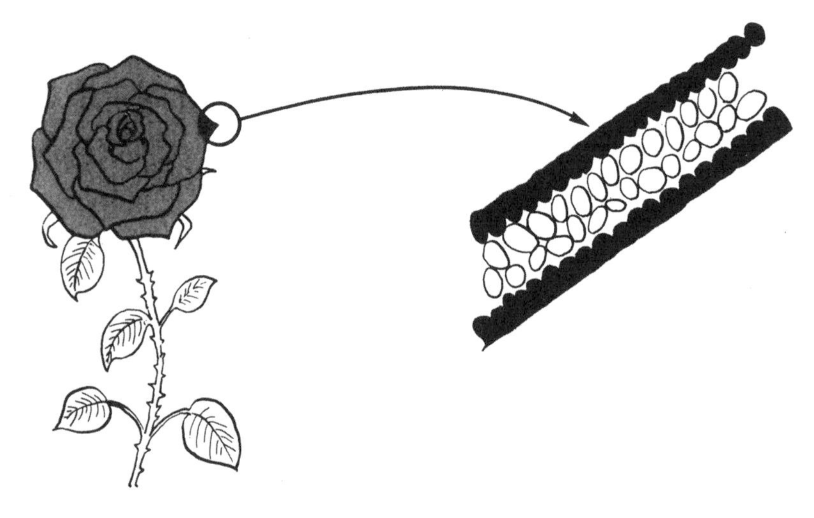

그림 3.44 안토시아닌의 분포

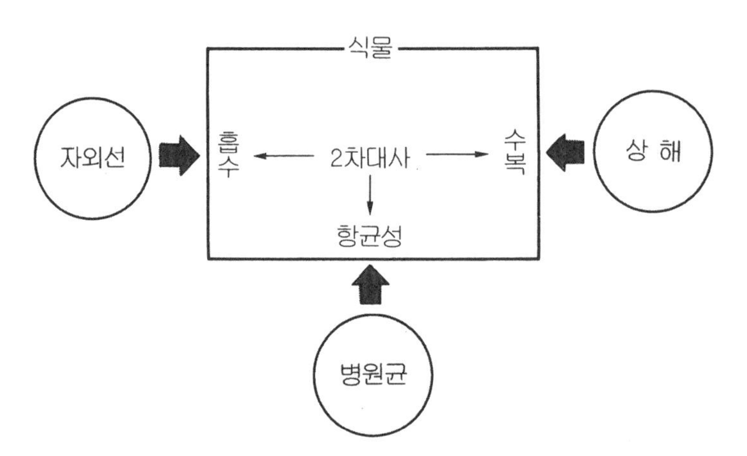

그림 3.45 스트레스에 의한 2차대사의 발현

* 사프란은 같은 꽃의 암술에서 얻을 수 있다.

또 식물배양세포는 식물을 재배하는 것에 비해 훨씬 증식 효율이 좋고, 품질에 있어서도 균일성이 높다는 점과, 계절에 좌우되지 않아 필요할 때는 언제든지 필요한 만큼 세포가 손에 들어온다는 점에서도 유용물질 생산계로서 뛰어나다.

유용물질 생산계인 배양세포는 많은 이점을 가지고 있지만, 모식물(母植物)에는 생성되어 있는 2차대사산물이, 이것에서부터 유도된 배양세포계에는 전혀 생산되지 않는 예가 많다. 초대배양에 있어서 모식물로부터 떨어져 나온 조직편은 분화된 세포집단이지만 이것을 시험관 내에서 배양하면 탈분화된 상태의 세포집단인 캘러스가 형성되며, 이것은 더욱 탈분화적으로 증식해 간다. 전술한 바와 같이 2차대사를 세포의 대사적 분화의 결과로 본다면 탈분화된 세포에서 2차대사산물의 생성이 보이지 않는 것은 당연한 것인지도 모른다. 만약 그렇다면 배양조건을 제어함에 따라 배양세포가 처해진 환경을 분화한 모식물(母植物) 조직의 세포환경으로 접근시킴으로써 대사적 분화를 유도하고 2차대사계를 발현시키는 것은 이론적으로 가능할 것이다.

사실, 배양세포계에서 2차대사 발현 기구에 관한 기본적인 연구 결과, 현재에는 탈분화에 의해 일단 소실된 2차대사 생산 능력이 배양조건을 검토하면서 다시 출현하는 예가 많이 알려져 있다. 그래서 다음에서는 유용물질 생산의 기초가 되는 배양세포계에서 2차대사의 발현 제어에 관한 연구 사례를 소개하려 한다.

2차대사발현의 제어

식물 호르몬의 영향

배양세포계에 있어서 배지 내의 식물 호르몬이나 각종 영양원은 세포 증식뿐만 아니라 2차대사산물의 생성에 대해서도 큰 영향을 미친다. 이 중 식물 호르몬이 클론증식을 할 때 기관분화를 제어하는 중요한 요인이라는 것은 전술한 대로이지만 이러한 형태적 분화에 대해서 대사적 분화라고 말할 수 있는 2차대사의 발현도 배지 속의 식물 호르몬에 의해 제어를 받는다.

배양세포계에 있어서 배지에 옥신을 첨가하는 것은 세포증식을 유지하기 위해

필수적이지만 일반적으로 옥신, 특히 2,4-D는 2차대사산물 생성을 억제하는 경향이 있다. 2,4-D에 의한 2차대사산물 생성의 억제효과는 담배의 니코틴, 단풍나무의 페놀류, 지치의 시코닌 등 많은 배양세포계에서는 2차대사산물 생산에 대해 보고되고 있다. 이에 비해 시토키닌류는 목적으로 하는 2차대사산물의 종류나 배양세포계의 종류에 따라 촉진효과를 가지는 경우와 억제효과를 가지는 경우가 있다. 지베렐린 및 앱시스산은 2차대사산물의 생성을 억제하는 경우가 많지만 앱시스산은 생장도 저해하는 반면 지베렐린은 생장에는 거의 영향을 주지 않고 2차대사만을 억제하는 경향이 있다.

배지 양분의 영향

기관분화의 경우와 같이(제2장 참조) 배지 속 각종 성분 중 특히 질소원의 종류 및 당 농도, 인산 농도 등이 2차대사산물 생성의 제어원으로 중요하다. 배지 속에는 질소원으로 질산이온과 암모늄이온이 포함되어 있지만(하나만 포함된 경우도 있다), 모든 질소원 농도뿐만 아니라 질산이온과 암모늄이온의 비율도 2차대사산물의 생성량에 영향을 준다.

배지 속의 당 농도는 탄소원뿐만 아니라 배지 삼투압의 변화를 통해 2차대사산물의 생성에 영향을 미치는 경우가 있다.

배지 속의 탄소원과 질소원의 비가 2차대사에 미치는 영향에 대해서도 보고되어 있다. 또 배지 속의 인산이온 농도를 저하시키면 세포의 증식은 억제되는데 비해 2차대사산물의 생성은 촉진되는 경향이 있다.

이처럼 배지조건은 세포증식뿐만 아니라 배양세포에서 2차대사의 중요한 제어요인이기도 하며, 후술하는 지치 배양세포에 의한 시코닌 생산은 배지 구성의 상세한 검토에 의해 효율적인 유용물질 생산에 성공한 예이다(**표 3.2**).

세포증식과의 관계

배지조건의 변경에 따라 세포증식 및 2차대사산물 생성량에 영향을 받아 변동이 보이지만, 배양세포계에 있어서 양자의 변동 패턴에는 일정한 관계가 있다.

표 3.2 시코닌 생산용 배지(M-9)의 조성 (Fujita 외, 1981[26])
M-9는 White의 배지를 기초로 하여 시코닌 생산용으로 최적화시킨 것이다.

성 분	White(1954)	M-9
	mg/l	mg/l
$Ca(NO_3)_2 \cdot 4H_2O$	300	694
KNO_3	80	80
$NaH_2PO_4 \cdot 2H_2O$	21	19
KCl	65	65
$MgSO_4 \cdot 7H_2O$	750	750
Na_2SO_4	200	1480
$MnSO_4 \cdot 4H_2O$	5	–
$ZnSO_4 \cdot 7H_2O$	3	3
$Fe_2(SO_4)_3$	2.5	–
NaFe-EDTA	–	1.8
H_3BO_3	1.5	4.5
KI	0.75	–
$CuSO_4 \cdot 5H_2O$	0.01	0.3
MoO_3	0.001	–
수크로오스	20000	30000
글리신	3	–
니코틴산	0.5	–
티아민 · HCl	0.1	–
피리독신 · HCl	0.1	–

배양세포계에서는 일반적으로 2차대사산물의 축적은 세포증식이 정지한 정지기에서 절정을 이룬다(그림 3.46). 2차대사산물의 배양기간 중에 볼 수 있는 축적 패턴으로는, 대수증식기에는 축적이 보이지 않고 세포증식이 정지하기 시작하는 초기 정지기부터 급속히 축적이 일어나는 경우와 세포증식과 시간적으로 일정한 속도를 유지하면서 평행하게 축적하는 경우가 있지만, 두 가지 모두가 세포증식과 2차대사산물의 생성 · 축적이라는 배반적(背反的)인 현상으로 받아들일 수 있다. 배양기간에 있어 세포증식과 2차대사산물의 축적 패턴뿐만 아니라 배지조건 변경에 따라서도 양자의 배반성이 관찰된다.

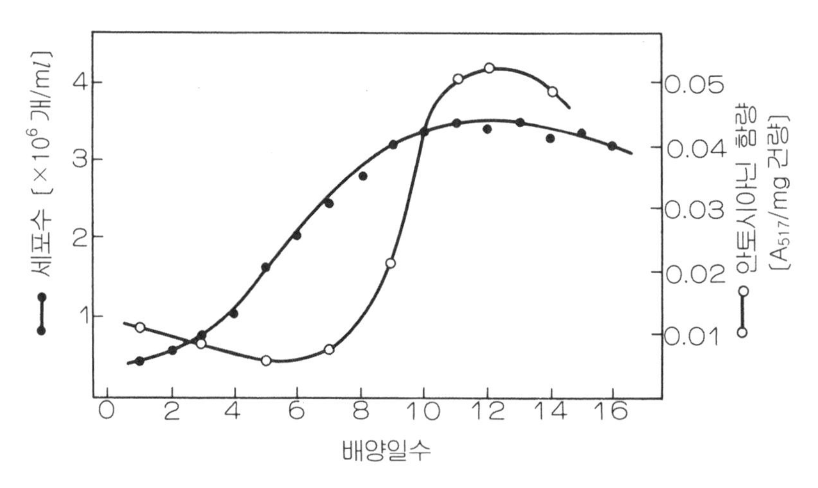

그림 3.46 당근 현탁배양세포에 있어서 생장과 안토시아닌 축적 (Noe 외, 1980[27] 변경)

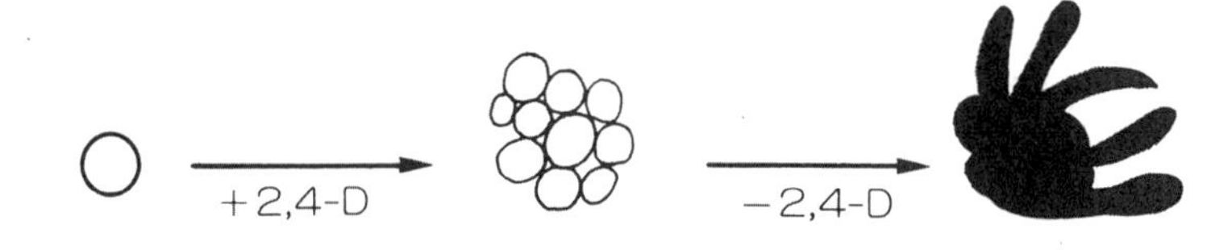

그림 3.47 2,4-D 제거에 의한 세포의 신장과 안토시아닌 생성의 유도

전술한 바와 같이 옥신의 한 종류인 2,4-D는 2차대사를 억제하는 경향이 있고 배지에서 2,4-D를 제거함에 따라 2차대사산물의 생성 · 축적이 유도된다고 알려져 있는데, 이 때 세포증식은 현저히 저해된다. 예를 들면 당근의 현탁배양세포에서는 배지의 2,4-D를 제거하면 세포분열이 정지하여 세포신장이 일어남과 동시에 안토시아닌 생성이 유도된다(그림 3.47).

또 배지 속의 인산도 세포 증식의 제어요인으로 중요하지만, 역시 포도의 현탁배양세포에 있어서는 인산결핍처리(인산을 뺀 배지를 이용해서 배양한다)에 의해 세포증식이 저해되는 반면 안토시아닌 생성량은 현저하게 상승한다. 이러한 세포증식과 2차대사산물 생성 · 축적의 배반성에 근거하여 개발된 유용물질 생산법으로는 2단계 배양법을 들 수 있다. 또 고정화 세포법도 이 원리에 기초한 것이라 생각할 수 있다.

형태분화의 관계

2차대사산물의 생성과 축적은 세포증식과는 배반적이지만 세포의 형태적 분화와는 밀접한 관계를 가진다. 전술한 바와 같이 세포에 있어서 2차대사계의 발현은 분화과정의 일부로 받아들일 수 있고 대사적 분화로도 말할 수 있으므로 형태적 분화와의 사이에 강한 상관관계를 볼 수 있다.

예를 들면 당근 배양세포계에서는 배지에 2,4-D를 제거함에 따라 안토시아닌이 생성됨과 함께 다수의 부정배가 유도된다. 또 캘러스로부터의 경엽(莖葉) 형성이나 뿌리 형성은 2차대사산물의 생성・축적과 강한 상관 관계가 있다고 보고되어 있다. 이러한 현상에 기초하여 아래와 같이 기관 유도에 의한 유용물질 생산법이 개발되고 있다.

외부 스트레스의 영향

2차대사의 또 하나의 측면으로는 외계로부터의 스트레스 부가에 대응한 발현기구가 있다. 자연계에 있어서 식물조직이 물리적인 상해를 받으면 상해부분을 복구하기 위해 2차대사산물의 하나이자 목화(木化) 성분인 리그닌이 왕성하게 합성된다.

또 생물에 유해한 자외선에 대해서 식물은 이것을 흡수할 수 있는 벤젠 고리구조를 가진 2차대사산물을 체내에서 생산하여 스스로를 보호하고 있다고 한다(그림 3.45). 실제로 파슬리의 현탁배양세포계에서는 자외선을 포함하는 백색광을 조사함에 따라 2차대사산물의 하나인 플라본(아핀)의 생성이 유도되며, 이 외에도 몇몇 시스템에서 2차대사의 광유도현상이 있음이 알려져 있다. 미생물 감염에 대해서도 식물은 항균성을 가지는 각종 2차대사산물을 생산하여 자신을 방어하고 있다. 배양세포의 엘리시터(elicitor) 처리에 의한 유용물질 생산법은 이 현상을 적용한 것이라 할 수 있다.

식물 바이오테크놀로지에 의한 유용물질 생산의 기초가 되는 2차대사산물 생성의 제어기구에 관해서 그 개략을 서술해 왔는데, 이 분야에 있어 일본의 연구 수준은 기초 연구 및 응용 개발 연구와 함께 매우 높은 수준이다. 이하 실용화를 향하여 고찰되고 있는 몇 가지 방법을 중심으로 그 실제에 대해서 기술해 보고자 한다.

유용물질 생산의 실제

식물조직배양법을 이용한 유용물질 생산에 있어서는 클론증식의 경우와는 달리 대부분의 경우에 있어서 배양형태로 현탁배양세포가 이용된다. 기본적으로는 미생물배양과 같은 자퍼멘터접시에는 대형 탱크를 이용한 대량배양이 가능하다. 실제로 소형 자퍼멘터에 의한 시코닌 생산이나 20 t의 대형 배양조에 의한 당근 인공종자 배양 등은 일본에서 실용화되고 있다.

그러나 미생물 배양과 유용물질 생산을 목적으로 한 식물의 대량배양에서는 다음과 같은 점에서 차이가 있다.

(1) 미생물은 증식 효율이 높아 세포 주기가 1회전하고 분열에 의해 다음 세대가 형성되는 데 필요한 시간(더블링 타임 : 증식 속도가 2배가 된다)이 수십 분인데 비해 식물배양세포에서는 빠른 것이라도 수십 시간이 걸리며 증식 효율이 낮다.

(2) 미생물에 의한 발효법에서는, 유용물질은 배지 속으로 방출, 축적되지만 식물의 2차대사산물은 일반적으로 배양세포 내에 축적되어 세포 밖으로 방출되는 경우가 드물다.

(3) 식물세포는 미생물에 비해 모양이 크고 액체배양에서는 식물배양세포가 세포 덩어리를 형성하는데, 이것은 현탁한 형태이므로 교반에 의한 전단력(剪斷力) 등 물리적 충돌에 약해 파괴되기 쉽다.

이러한 이유 때문에 미생물의 유용물질 생산에 있어 대량배양의 노하우를 그대로 식물배양세포 이용시에 적용하기는 어렵고 더욱이 식물의 2차대사발현 기구의 특수성이 그 배경이 되기 때문에 유용물질 생산을 목적으로 한 특징 있는 배양법이 몇 가지 개발되어 있다.

고생산주(高生産株) 선발 배양세포계는 식물체 자체에 비해 비교적 균일한 세포 집단이라 할 수 있으며 개개의 세포 사이에서는 상당한 흩어짐이 있다. 그래서 이 중 목적으로 하는 물질을 많이 생산하는 세포를 선발하는 것이 종종 행해져, 실제로 다음에 서술하는 각종 유용물질 생산법은 이 방법에 의해 사전에 고생산주를 확립한 후 적용되는 경우가 많다.

목적으로 하는 유용물질이 색소인 경우는 육안으로, 이외의 경우에는 고감도이면서 비교적 간편하다는 점에서 방사선 면역 혈청법(RIA) 또는 효소 면역 혈청법(ELISA)이 자주 이용된다. 전자의 경우에는 캘러스로부터 직접 선발하는 것도 가능하지만 일반적으로는 한천 플레이트상에 배양세포나 원형질체를 뿌려 그 속에서 고생산주를 선발한다(그림 3.48).

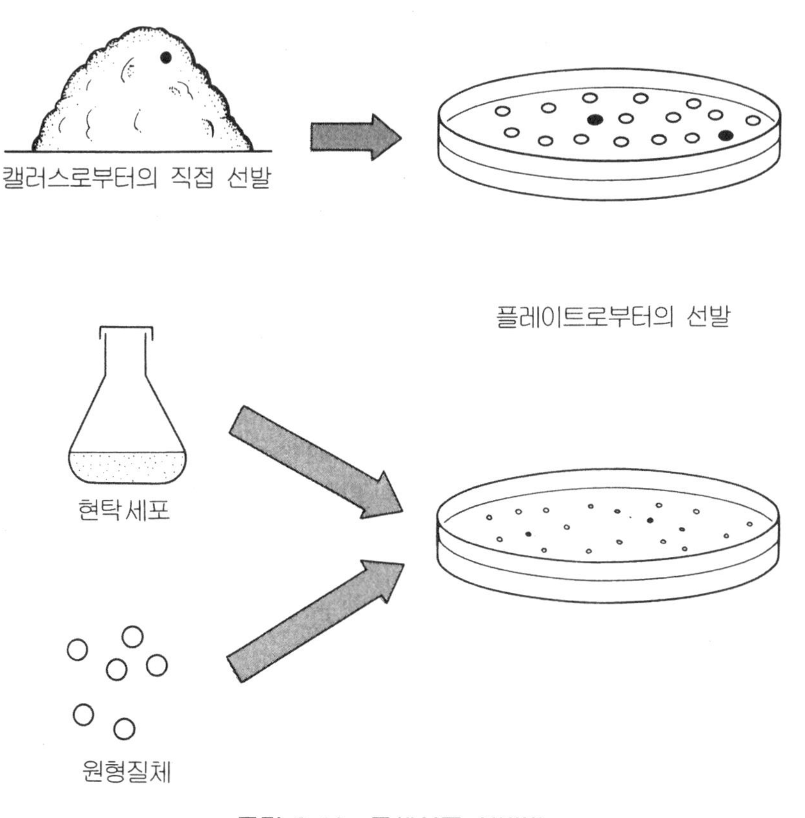

그림 3.48 고생산주 선발법

이러한 선발을 대를 이어 반복함에 따라 고생산주의 출현 빈도가 높아진다고 보고되어 있다(그림 3.49). 또 현탁배양세포를 시스템별로 세포 덩어리 사이즈에 맞춰 선택하여 고생산주를 확립하는 방법도 있다. 이러한 스크리닝에 의한 선발뿐 아니라 방사선 조사나 변이원 처리에 의해 돌연변이를 유발시켜서 고생산주를 얻는 방법도 행해지고 있다.

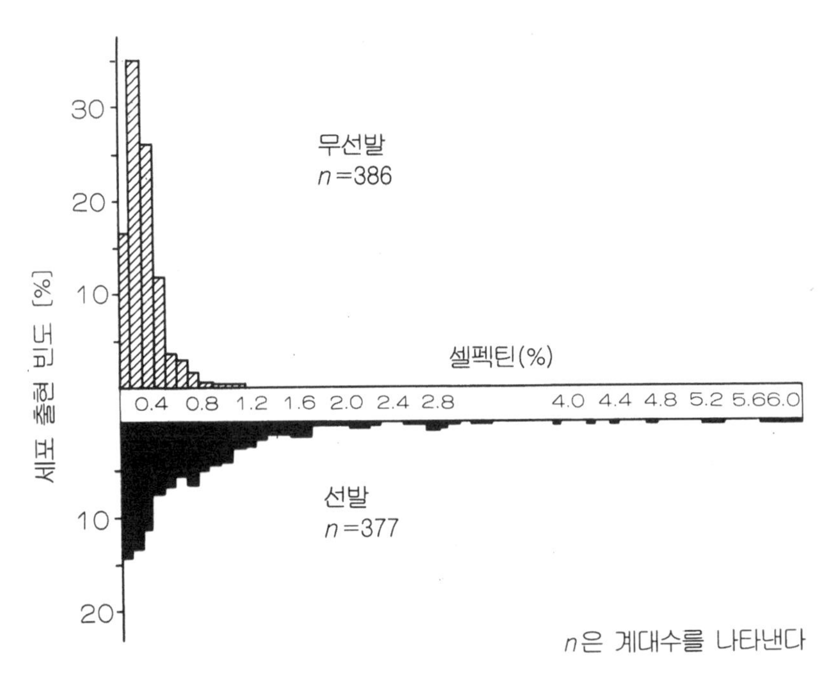

그림 3.49 일일초 배양세포의 알칼로이드(셀펙틴) 함량에 대한 선발의 효과(Deus-Neumann and Zenk, 1984[28])

2단계 배양법 세포증식과 2차대사산물의 생성·축적과는 배반적인 점에서 세포증식을 목적으로 하는 경우와 2차대사산물의 생산을 목적으로 하는 경우에서는 자연히 최적 배지조건이 달라진다. 따라서, 우선적으로 세포 증식용 배지를 이용해서 세포를 늘린 후 2차대사산물 생산용 배지로 옮김에 따라 유용물질을 생산하는 2단계 배양법이 고안되어 있다.

일본 미쯔이(三井)석유화학공업에 의해 이루어진 지치 배양세포계에 의한 시코닌 생산은 전형적인 예이다. 지치 뿌리(자근 ; 紫根)에 포함되어 있는 나프토퀴논 골격을 가지는 적자색의 시코닌계 화합물(**그림 3.50**)은 항균작용, 창상치유 작용을 가지고 있어 예로부터 생약이나 고급 염료로 이용되었던 것이다.

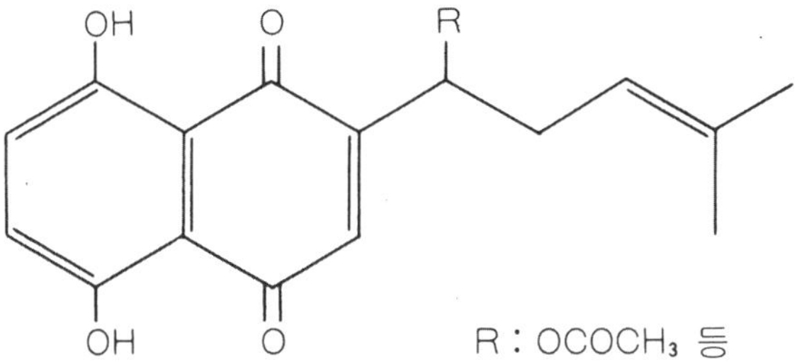

그림 3.50 시코닌계 화합물

지치 배양세포계에서는 세포증식용으로 Linsmaier-Skoog 배지, 시코닌 생산용으로 White 배지를 각각 이용함에 따라 White 배지뿐인 1단계 배양에 비해 시코닌 생산성은 4.6배 높아지는 결과를 낳았다. 게다가 양쪽 배지를 베이스로 각 배양 구성성분을 상세히 검토함에 따라 최적화가 이루어져 세포증식용으로 MG-5, 시코닌 생산용으로 M-9 배지가 각각 개발되었다(표 3.2).

양쪽 배지를 이용한 2단계 배양에서는 White 배지뿐인 1단계 배양에 비해 생산성은 50배 가까이 향상했다. 또 천연 지치 뿌리 재배(시코닌을 1.5% 함유한 자근을 수확하기까지는 약 4년이 걸린다)와 비교하면 생산성은 실로 약 800배로 계산된다. 이렇게 해서 생산된 시코닌은 세계 최초의 식물 바이오 상품으로 화장품 원료, 염료에 사용되고 있다.

바이오트랜스포메이션 의약이나 농약의 경우 화합물 구조의 기본 골격에 각종 수식(수산화, 메틸화, 배당체화(配糖体化) 등)을 덧붙임에 따라 생리 활성이 현저히 상승하는 경우가 있다. 보통은 물질을 화학적으로 수식하는 화학변환이 일어나지만 이것을 세포의 일종인 촉매로 보아 효율적으로 행하려고 하는 것이 바이오트랜스포메이션이다. 이 방법에서 변환장소가 되는 세포계는 바이오리액터라 불려진다.

배양세포를 각종 담체에 고정화시킴에 따라 세포 내의 대사를 적극적으로 변화시켜서 2차대사산물의 생산을 높이는 방법으로, 고정화 세포라는 것이 있다. 고정화 담체는 인공종자의 경우와 같이 알긴산이나(그림 3.28) 폴리아크릴아미드·히드라진, 폴리우레탄 폼이 이용된다. 원리는 세포를 고정화함에 따라 생기는 스트레스나 물리적인 증식 저해가 2차대사계 활성화를 촉진하고 있는 것 같다.

예를 들면 고추 배양세포를 망으로 된 폴리우레탄 폼으로 고정화하면 유리(遊離) 상태에 비해 수십에서 수백 배의 캡사이신(매운 맛 성분)을 생산한다. 고정화에 덧붙여 배지 영양원의 결핍처리나 식물 호르몬 제거를 하면, 캡사이신 생산량은 더욱 상승한다.

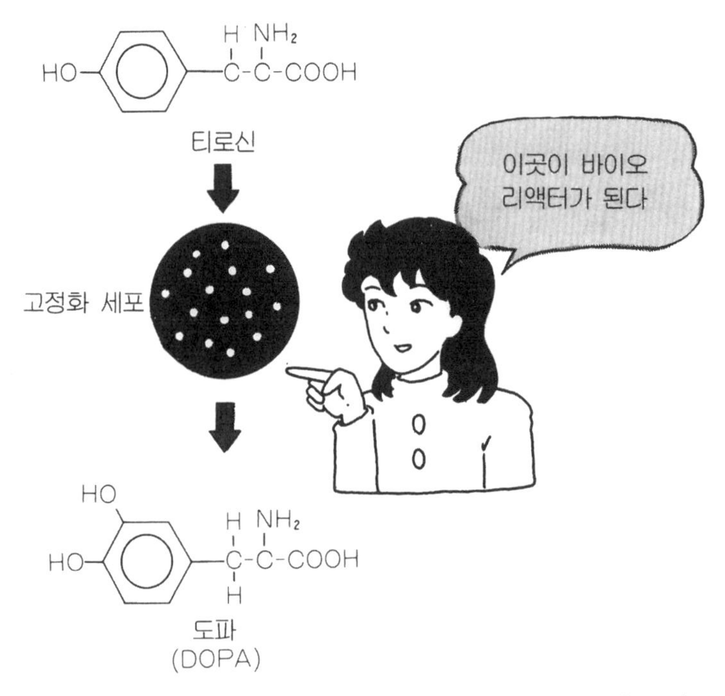

그림 3.51 고정화 세포에 의한 티로신으로부터 도파로의 변환

고정화 세포는 바이오리액터로서 기능을 가지는 경우가 많다.

예를 들면, 콩(*Mucuna*) 배양세포를 알긴산칼슘으로 고정화하고 이것에 티로신을 투여하면 수산화되어 도파(DOPA 디히드록시페닐알라닌)로 변환되며, 생산된 도파의 90% 이상은 배지 속으로 방출된다(그림 3.51).

유용물질 생산 후의 추출, 정제를 고려하면 생산물이 배지로 배출되는 것은 큰 장점이며, 고정화 세포를 이용한 바이오리액터(그림 3.52)는 효율적인 유용물질 생산법으로 기대된다.

엘리시터 처리 식물에 자외선, 상해, 미생물 감염 등 스트레스가 가해지면 스트레스 화합물이 생성되지만 대부분은 2차대사산물이다(그림 3.45). 스트레스 화합물의 대표적인 것으로 파이토알렉신(phytoalexin)을 들 수 있으나 이것은 균류나 박테리아가 감염되었을 때 생성되는 항균성 물질이다. 식물에 있어서 파이토알렉신 합성을 유도하는 물질은 엘리시터라 불려지며, 세포벽 단편인 올리고당, 당단백질 등이 물질적 본체이다*.

이러한 스트레스 화합물에는 유용물질이 많이 함유되어 있어 최근에 엘리시터의 이용에 따른 유용물질의 생산이 주목되고 있다.

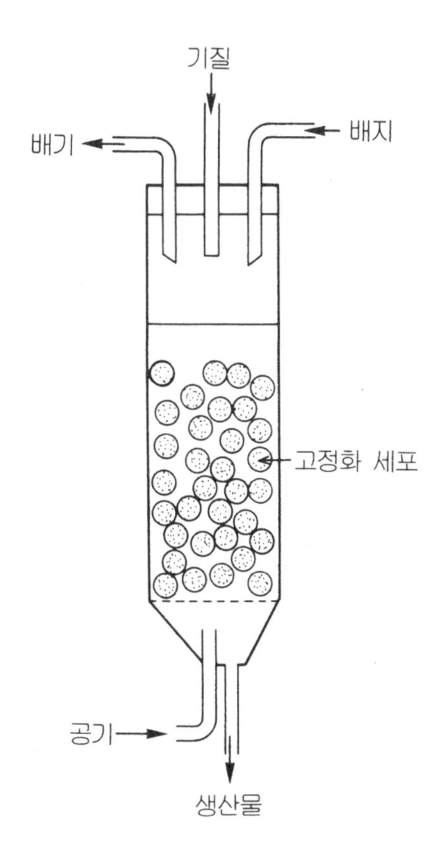

그림 3.52 고정화 세포를 이용한 바이오 리액터의 모식도

* 중금속이나 다른 화합물에서도 엘리시터 활성을 나타내는 것이 있다.

엘리시터 처리는 간편하며(배지에 엘리시터를 첨가한다), 처리 후 몇 시간 내에 유용물질 생산이 일어난다는 점과 생산된 유용물질이 배지로 방출되기 쉽다는 점을 이점으로 들 수 있다. 또, 최근에는 파이토알렉신 외에 2차대사산물의 생산에 관해서도 엘리시터 처리의 유용성이 제기되고 있다.

기관 유도 유용물질을 함유하는 기관을 배양에 의해 차례로 증식시켜 이로부터 유용물질을 얻는 방법이 있다. 이것은,

(1) 탈분화한 세포로부터 기관의 분화를 유도하는 방법

(2) 기관배양에 의해 같은 기관의 분화를 유도하는 방법

의 두 가지로 대별된다. (1)은 2차대사의 발현이 형태적 분화와 밀접한 상관 관계에 근거하는 것으로 물질생산능력이 완전히 없든지 매우 낮은 캘러스에서 신초(shoot) 형성이나 뿌리 형성을 유도함에 따라 2차대사산물 생성을 유도하려는 것이다. 이에 비해 (2)는 유용물질을 특이하게 생성하는 기관을 배양하고 이 기관만 대량으로 얻으려는 것으로 아지노모토주식회사에 의해 개발된 사프란의 암술머리 배양은 대표적인 예이다.

또, 응용 예로서는 Ri-플라스미드를 가진 애그로박테륨 리조게네스 감염에 의해 얻어지는 모상근(毛狀根) 배양에 의한 유용물질 생산이 있다.

캘러스에서는 생산이 보이지 않는 2차대사산물이, 애그로박테륨 감염에 의해 얻어진 모상근(그림 3.53)에서는 왕성히 생성된 예가 벨라도나의 히오스시아민, 담배의 니코틴 등으로 보고되어 있다. 또한, 모상근은 증식 효율도 높고 유용물질을 배지 속으로 방출한다는 예도 보고되어 있는 바, 이러한 점에서도 유효한 유용물질 생산계로서 실용화를 위한 개발이 기대된다.

전망 이와 같이 식물의 유용물질의 생산을 실용화하기 위해 몇 가지 식물조직배양법이 전개되고 있지만, 또 다른 방향성 면에서는 미생물에 의한 유용물질 생산에 있어서 중심적 기술이 되고 있는 유전자 재조합법의 적용을 들 수 있다.

전술한 바와 같이 식물의 경우, 배양세포의 분화전능성이라는 장점을 살린 유전자 재조합에 따른 육종이 주목받고 있는데, 이것은 유용물질 생산에 있어서도 유력한 수단이 될 수 있다.

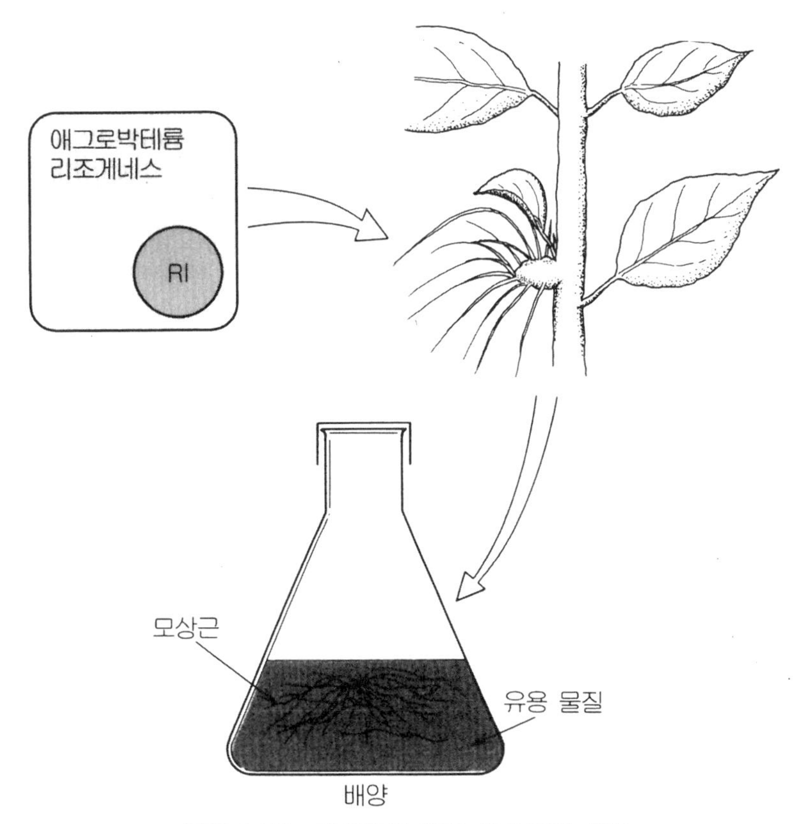

그림 3.53 모상근에 의한 유용물질 생산

그러나 식물, 특히 매우 다양한 생합성 시스템을 포함한 2차대사에 관해서는 플라보노이드 합성 시스템을 제외하고 재조합을 하려 해도 유전자 자체가 분명하지 않으므로 광범위한 유전자 해석이 앞으로의 과제라 할 수 있다.

또한, 이러한 기술적 과제와 더불어 식물의 유용물질 생산을 실용화하기 위해서는 식물세포만이 생산하는 유용물질로 부가가치가 높은 것을 목표로 할 필요가 있다. 언뜻 보아 매우 기초적이어서 유용물질 생산에는 직접적인 관계가 없을 것 같지만, 유용물질의 생산효율 향상을 위한 열쇠가 된다는 사실을 인식해야만 할 것이다.

참 고 문 헌

1) S. H. Mantell *et al.* (清水碩他訳) : 植物バイオテクノロジー, オーム社(1987)

2) 高山真策 : クローン増殖と人工種子, オーム社(1989)

3) M. W. Bayliss : Per spectives in plant cell and tissue cultures(Ed. I. K. Wasil), Academic Press, New York(1980)

4) T. Murashige and F. Skoog : *Physiol. Plant.* **15**, 473-497(1962)

5) E. M. Linsmaier and F. Skoog : *Physiol. Plant.* **18**, 100-127(1965)

6) O. L. Gamborg *et al.* : *Exp. Cell. Res.* **50**, 148-151(1968)

7) P. R. White : The cultivation of animal and plant cells (2nd Ed.) Ronald Press, New York(1963)

8) R. A. Dixon(Ed) : Plant cell culture, A practical. IRL Press, oxford(1985)

9) 山口彦之 : 植物バイオテクノロジー入門, オーム社(1987)

10) 水野雪樹 : 核酸の一般的分離・定量法, (生物化学実験法2)学術出版センター(1969)

11) M. M. Bradford : *Anal. Biochem.* **72**, 248-254(1976)

12) O. H. Lowry *et al.* : *J. Biol. Chem.* **193**, 265-275(1951)

13) 駒嶺穆他編 : 植物バイオテクノロジー事典, 朝倉書店(1990)

14) H. Sasamoto *et al.* : *Ann. Bot.* 1(Lond.) **60**, 417-420(1987)

15) 竹内正幸他編 : 新植物組織培養, 朝倉書店(1979)

16) J. H. Dodds and L. W. Roberts : Experiments in plant tissue culture, Cambridge Univ. Press(1982)

17) 駒嶺穆他訳 : 植物全能性の分子生物学, 朝倉書店(1991)

18) T. Fujimura and A. Komamine : *Plant Physiol.* **64**, 162-164(1979)

19) 竹内正幸他編 : 植物組織培養の技術, 朝倉書店(1983)

20) S. Takayama and M. Misawa : Plant tissue culture, 丸善(1982)

21) 牛山啓一他 : 公開特許公報, 昭 59-45873, 昭 59-45879(1984)

22) 池田博 : 公開特許公報, 昭 60-237984(1985)

23) 秋田求, 高山真策 : 新花卉, **139**, 42(1988)

24) C. W. Jones *et al.* : *Science* **193**, 401-403(1976)
25) 作田正明, 駒嶺穆 : 遺伝, **1**, 94-102(1988)
26) Y. Fujita *et al.* : *Plant Cell Reports* **1**, 59-60(1981)
27) W. Noé *et al.* : *Plant* **149**, 283-287(1980)
28) B. Deus-Neumann and M. H. Zenk : *Planta* **162**, 250-260(1984)

식물조직배양과 식물 바이오테크놀로지에 대해서는 훌륭한 책이 많이 출간되어 있지만, 그 중에서 비교적 쉽고 실제적인 것을 들어보면 다음과 같다.

竹内正幸他編 : 新植物組織培養, 朝倉書店(1979)
山口彦之 : 作物改良に挑む, 岩波書店(1982)
竹内正幸他編 : 植物組織培養の技術, 朝倉書店(1983)
鎌田博, 原田宏 : 植物のバイオテクノロジー, 中央公論社(1985)
農業および園芸 別冊 : バイオテクノロジーと農業技術, 養賢堂(1985)
古川仁朗編 : 図解組織培養入門, 誠文堂新光社(1985)
山口彦之 : 植物バイオテクノロジー入門, オーム社(1987)
S. H. Mantell 他(清水碩他訳) : 植物バイオテクノロジー, オーム社(1987)
R. A. Dixon(遠山益他訳) : 植物細胞・組織培養の実際, 丸善(1988)
高山真策 : クローン増殖と人工種子, オーム社(1989)
駒嶺穆他編 : 新植バイオテクノロジー事典, 朝倉書店(1990)

찾아보기

<가나다순>

가

나

다

라

마

바

사

아

카

타

파

식물조직배양 입문

2001. 3. 26. 초 판 1쇄 발행
2013. 9. 12. 장정개정판 1쇄 발행
2016. 3. 10. 장정개정판 2쇄 발행
2019. 11. 15. 장정개정판 3쇄 발행

지은이 | 清水碩, 芦原坦, 作田正明
감역자 | 이영복
옮긴이 | 박해준
펴낸이 | 이종춘
펴낸곳 | BM (주)도서출판 성안당
주소 | 04032 서울시 마포구 양화로 127 첨단빌딩 3층(출판기획 R&D 센터)
| 10881 경기도 파주시 문발로 112 출판문화정보산업단지(제작 및 물류)
전화 | 02) 3142-0036
| 031) 950-6300
팩스 | 031) 955-0510
등록 | 1973. 2. 1. 제406-2005-000046호
출판사 홈페이지 | www.cyber.co.kr
ISBN | 978-89-315-8859-0 (93520)
정가 | 30,000원

이 책을 만든 사람들
기획 | 최옥현
진행 | 이용화
표지 디자인 | 박원석
홍보 | 김계향
국제부 | 이선민, 조혜란, 김혜숙
마케팅 | 구본철, 차정욱, 나진호, 이동후, 강호묵
제작 | 김유석

■ 도서 A/S 안내

성안당에서 발행하는 모든 도서는 저자와 출판사, 그리고 독자가 함께 만들어 나갑니다.
좋은 책을 펴내기 위해 많은 노력을 기울이고 있습니다. 혹시라도 내용상의 오류나 오탈자 등이 발견되면 **"좋은 책은 나라의 보배"**로서 우리 모두가 함께 만들어 간다는 마음으로 연락주시기 바랍니다. 수정 보완하여 더 나은 책이 되도록 최선을 다하겠습니다.
성안당은 늘 독자 여러분들의 소중한 의견을 기다리고 있습니다. 좋은 의견을 보내주시는 분께는 성안당 쇼핑몰의 포인트(3,000포인트)를 적립해 드립니다.

잘못 만들어진 책이나 부록 등이 파손된 경우에는 교환해 드립니다.